U0162664

事故容错燃料基础研究

Fundamental Research of Accident Tolerant Fuel

蔡杰进　刘　荣　李学仲　陈志杰　谭智雄　著

科学出版社

北　京

内 容 简 介

事故容错燃料是为了提高核反应堆燃料元件抵御事故能力而研发的新型燃料。本书针对新型的事故容错燃料概念，较系统地介绍了相关的基础研究工作，包括燃料性能分析、中子物理研究及热工水力研究，以揭示各种事故容错燃料在反应堆中装载运行的基本规律。

本书适合高等院校核工程与核技术相关专业高年级本科生、核科学与技术相关专业研究生阅读，也可供相关专业的科研人员和工程技术人员参考。

图书在版编目(CIP)数据

事故容错燃料基础研究 = Fundamental Research of Accident Tolerant Fuel / 蔡杰进等著. —北京：科学出版社，2021.3

ISBN 978-7-03-067600-9

Ⅰ. ①事… Ⅱ. ①蔡… Ⅲ. ①反应堆-核燃料-研究 Ⅳ. ①TL38

中国版本图书馆CIP数据核字(2021)第001476号

责任编辑：范运年 孙静惠/ 责任校对：王萌萌
责任印制：吴兆东 / 封面设计：蓝正设计

科 学 出 版 社 出版
北京东黄城根北街 16 号
邮政编码：100717
http://www.sciencep.com
固安县铭成印刷有限公司 印刷
科学出版社发行 各地新华书店经销
*
2021 年 3 月第 一 版 开本：720×1000 1/16
2021 年 3 月第一次印刷 印张：12 3/4
字数：250 000
定价：138.00 元
(如有印装质量问题，我社负责调换)

序

近年来，事故容错燃料(ATF)成为国内和国际核能研发领域的热点。早在2016年，蔡杰进老师跟我谈起他的课题组正在开展ATF的相关研究工作时，我就鼓励他们好好干，争取为我国ATF研发贡献力量，并推荐他参加了同年10月20日在成都举行的、由中国核学会和中国核燃料有限公司联合举办和中国核燃料有限公司燃料元件研究设计所承办的"核燃料技术发展研讨会"。一晃四年时间过去了，我很高兴看到蔡杰进老师课题组在ATF研究方面取得了较为系统的成果。

该书作者及课题组在国内较早系统地开展ATF的相关研究工作，该项工作先后得到了国家自然科学基金、中国博士后科学基金、国家重点实验室开放基金、中央高校基本科研业务费、中国核动力研究设计院、中广核研究院有限公司等的各类资助。该课题组在ATF基础研究方面，取得了系统化的研究成果，受到了国内外学术界的广泛关注和认可。

根据多年的研究成果和大量的技术经验，华南理工大学蔡杰进教授课题组精心撰写了该书，为核科学与技术专业的同行及后学们提供了一本关于ATF基础理论和分析方法的学习参考资料。该书较为系统地介绍了新型的事故容错燃料相关的基础研究工作，包括燃料性能分析、中子物理研究及热工水力研究，以揭示各种事故容错燃料在反应堆中装载运行的基本规律。

该书共5章。第1章介绍了事故容错燃料的研究背景、分类、国内外研究现状等；第2章介绍了事故容错燃料的性能分析建模、计算、材料性质及分析结果；第3章集中展现了事故容错燃料中子物理特性研究工作及成果，特别地，本章基于NSGA-Ⅱ算法与机器学习等前沿技术开展了SiC包壳组件装载优化研究；第4章系统地介绍了事故容错燃料的热工水力学研究成果；第5章给出了该书的总结和研究展望。

在该书付梓之际，本人有幸先睹为快，深感其内容新颖，科学性强，结构严谨。我相信该书的出版必将有助于我国ATF研发工作的开展，有助于我国核燃料自主化进程。

在此，我非常开心地将该书介绍给我国广大从事核燃料研发，特别是 ATF 研发的科研人员、工程技术人员、教师和学生。

中国工程院院士

李冠兴

2020 年 12 月于北京

前　言

核能作为一种高效、清洁的能源，是我国能源的重要组成部分。核能利用的关键在于核安全。为了提高核反应堆燃料元件抵御事故的能力，人们正在研发一种新型核燃料系统——事故容错燃料（又称耐事故燃料，accident tolerant fuel，ATF）。通过研发事故容错燃料替代核电站传统的 UO_2 和锆合金燃料系统，可在反应堆堆芯失去有效冷却后显著降低事故工况下包壳肿胀、包壳与蒸汽反应速率及维持包壳在高温下的几何结构完整性，防止堆芯温度过高且极大限度地推迟核燃料大规模失效，为有效实行严重事故缓解措施争取尽可能多的时间，可从根本上提高核电站安全性能，保护公众和环境免于放射性污染。

围绕事故容错燃料的研发，作者及其课题组投入了大量的人力、物力，经过多年的科研工作，取得了一些突破性的基础研究进展，已建立了较完善的研究方法和理论体系。本书是在归纳、整理和总结作者多年来关于事故容错燃料的部分研究成果的基础上完成的一部学术专著。

本书的相关研究工作得到了国家自然科学基金（No. 11675057、No. 11805070）、中国博士后科学基金（No. 2017M622698）、亚热带建筑科学国家重点实验室开放课题（No. 2019ZB19）、中央高校基本科研业务费（No. 2017BQ044）、中国核动力研究设计院、中广核研究院有限公司等的支持，在此一并致谢。

全书共 5 章。作者分工如下：刘荣执笔第 1 章、第 2 章；谭智雄执笔第 3 章，其中李学仲执笔 3.4 节；陈志杰执笔第 4 章；蔡杰进执笔第 5 章。全书由蔡杰进统稿。特别说明的是，作者所在课题组的博士后、博士生和硕士生对本书的完成做出了很大的贡献，但由于人员较多，在此不一一列出。在书稿排版、整理及校对等方面，于鸿昊、邱晨杰付出了十分艰辛的劳动，在此一并表示衷心的感谢。

在本书正式出版之际，我国著名的核燃料专家、中国工程院院士李冠兴先生在百忙中热情地为本书作序，万分感谢。

限于作者水平和篇幅，本书难免有不足之处，热切希望读者和同行专家不吝赐教。

作　者

2020 年 8 月于华南理工大学

符 号 表

a_{pellet}	燃料元件半径
A_{Co}	Coble 蠕变的材料常数
A_{NH}	Nabarro-Herring 晶格蠕变的材料常数
b	伯格斯矢量
b'	晶格内裂变气体的溶解率
Bu	燃耗
C_p	比定压热容
D	裂变气体扩散系数
D_L	晶格扩散相关系数
D_{thrm}	由热激发过程决定的裂变气体扩散系数
D_{irr}	由辐照导致空位缺陷决定的裂变气体扩散系数
D_{athrm}	由非热效应决定的裂变气体扩散系数
E	杨氏模量
$\dot{F}$	单位体积裂变率
f_d	可溶裂变产物修正因子
f_p	沉积裂变产物修正因子
f_{por}	孔隙度修正因子
f_r	辐照损伤修正因子
f_x	偏离化学计量修正因子
g_a	裂变气体的捕获率
h_c	界面热传导系数
k	热导率

k_{eff}	有效热导率
$\dfrac{\Delta L}{L}$	热膨胀率
p	燃料孔隙率
P	压强
P_{i}	界面压力
P_{lin}	线功率
P_0	燃料初始孔隙度
Q	热量产生率
Q	热蠕变活化能
Q_{gb}	Coble 蠕变的晶格扩散活化能
Q_{L}	Noordhoek 模型的晶格扩散活化能
T	温度
T_{melt}	U_3Si_2 燃料的熔点
t	时间
V	体积分数
$\dfrac{\Delta V}{V}$	肿胀应变
v	声子速度
v_{l}	纵向声子速度
v_{t}	横向声子速度
W	质量分数
X_{dev}	氧金属比
α	热膨胀系数
ρ	密度
$\Delta\rho_0$	总的密实化应变
ν	泊松比

ε	辐射表面发射率
$\dot{\varepsilon}_{c,th}$	由热蠕变产生的应变率
ε_{D}	密实化应变
$\dot{\varepsilon}_{\mathrm{Dis}}$	由错位蠕变产生的应变率
$\dot{\varepsilon}_{c,\mathrm{irr}}$	由辐照蠕变产生的应变率
$\dot{\varepsilon}_{\mathrm{NH}}$	由 Nabarro-Herring 晶格蠕变产生的应变率
Φ	快中子通量
σ	冯·米塞斯应力
LWR	轻水堆

目　　录

第1章 绪 论

1.1 事故容错燃料的研究背景

2011 年日本福岛第一核电站事故后，核电站的安全再一次被广泛关注。在发生全厂断电事故时核电站中的能动安全系统失效，非能动的冷却系统能防止燃料棒温度过高而熔化并及时带走堆芯衰变余热。另外一种有望缓解核电厂断电事故的措施是采用更加先进的核燃料系统，如环形燃料[1,2]、UO₂-BeO[3]、UO₂-SiC[4]复合燃料、UO₂-Mo 燃料[5]、U₃Si₂[6]和 UN 金属燃料[7]、三结构同向性型颗粒燃料(tri-structural isotropic particle fuel，TRISO)[8]及包壳材料 SiC[9]及 SiC/SiC 复合材料[10]、FeCrAl 合金[11]等材料，用于替代 UO₂ 和锆合金，组成事故容错燃料系统。由先进材料组成的这种新型核燃料系统，在堆芯失去有效冷却后可显著降低事故工况下包壳肿胀、包壳与蒸汽反应速率及维持包壳在高温下的几何结构完整性，防止堆芯温度过高并且极大限度地推迟核燃料大规模失效，为有效实行严重事故缓解措施争取尽可能多的时间，将放射性物质的环境释放降到尽可能低的程度[12]。相比传统的燃料，事故容错燃料系统能在堆芯损坏的早期阶段对严重事故起到缓解作用。事故容错燃料系统在应对核反应堆超设计基准事故及正常运行工况时满足以下要求[12]。

(1)事故容错燃料系统的包壳相比锆合金包壳改善了与蒸汽之间的反应动力学，具有更低的氧化速率和氧化热产生量以防止堆芯过快加热，具有更低的氢气产生速率以预防氢气爆炸和包壳吸氢脆化，具有良好的包壳热力学物理性质，可以抵抗包壳碎裂、保持几何稳定性、抗热冲击与熔化。

(2)事故容错燃料系统的燃料芯块相比传统 UO₂ 具有更佳的热力学性能，能降低运行温度，减弱或防止与包壳的化学反应和力学相互作用、芯块熔化等，使各种裂变产物(尤其是易挥发的铯和碘)尽可能滞留于芯块中。

(3)在满足正常运行及预期瞬态条件安全性的前提下，事故容错燃料系统相比传统的燃料系统应具有同等或更好的经济性能，如提高燃料功率密度、增加燃耗、减少每换料批次的燃料组件数、增加燃料循环长度，同时需尽可能地与现有的燃料生产、存储、装卸设备和轻水堆设计准则、操作运行许可兼容。

事故容错燃料系统是为燃料元件抵御严重事故而研发的新一代燃料系统，能有效降低堆芯中心温度，增大核电厂的安全裕度，可从根本上提高核反应堆安全性能，抵御严重事故，有效缓解事故后果，保护公众和环境免于放射性污染。因此有必要对以上报道的几大类先进核燃料系统进行相关设计及综合性能分析研究（包括中子物理、热工水力、燃料性能三个方面），以满足事故容错燃料在核反应堆中的应用要求。

1.2 事故容错燃料的分类

目前事故容错燃料主要包括以下几种燃料/包壳：①高密度燃料；②先进复合燃料；③全陶瓷包覆燃料；④先进合金包壳材料；⑤陶瓷及复合材料包壳；⑥带有 Cr 涂层、SiC 涂层的包壳材料。具体的介绍如表 1-1 所示。

表 1-1 事故容错燃料的分类

部件或系统	技术名称	技术内容描述	技术难点或限制条件	预计研发周期
燃料芯块	高密度燃料	金属铀：高 U 装量，高热导率，易处理 U_3Si_2：高密度，高热导率，良好的抗肿胀性能，在水和蒸汽中相对稳定 UN：高密度及高 U 装载，高热导率，较小的中子吸收截面，生产方法已知 UC：高 U 装量，高热导率，低挥发裂变产物释放率	金属铀：与水反应，熔点不高； U_3Si_2：高热中子吸收截面； UN：较难生产，对水和蒸汽敏感，较大的中子吸收截面； UC：与水和蒸汽反应剧烈，产生甲烷和氢气	长远计划
	先进复合燃料	复合材料的合成可采用放电等离子烧结(spark plasma sintering, SPS)以及激光闪光设备(laser flash instrument)方法 UO_2-SiC：热导率高，熔点高，抗腐蚀，中子吸收少，结构稳定，孔隙率小，成本相对较低，采用带点等离子体烧结技术制成 UO_2-BeO：热导率高，熔点高，热中子吸收截面小；金刚石增强 UO_2：形成强耦合的 U—O—C 表面成键，从而构成一个紧凑的结构和使得材料热导率提升 微晶胞 UO_2-Mo：Mo 熔点高，导热性能好，并且热中子吸收截面适中，不影响燃料的经济性。Mo 在 UO_2 晶体中形成微晶结构，增强了燃料的热导率，具有容纳更多可挥发性裂变产物能力，从而减少放射性裂变产物的释放	通过用 SPS 方法合成复合材料可有效缩短时间，目前合成复合燃料的难点在于难以形成 UO_2 和添加剂均匀混合的复合材料，且热力学性能为各向同性分布 UO_2-SiC：在温度高于 1370℃ 时易与 UO_2 发生化学反应； UO_2-BeO：BeO 添加剂含量过大会使 U 装量降低 复合材料在反应堆中的性能还需要进一步从实验和理论上分析 UO_2-Mo：需要控制好 Mo 和 UO_2 之间的界面	10 年
	全陶瓷微包覆(FCM)燃料	燃料热导率随温度的升高而升高，燃料温度低，高温条件下不易熔化，芯块完整性好，产氢量低，裂变产物释放降低，削弱了芯块和包壳相互作用，抗氧化性能好，抗增殖，热力学性能下降，并且允许大幅度提升燃耗。FCM 燃料棒通过包覆燃料颗粒弥散到石墨基体里，压制成燃料芯块或燃料压块，经过成型加工热处理，最后可制成球形或棱柱形的高温气冷堆燃料元件	必须满足小于 20%的富集度	5 年
	双面冷却环形燃料	相对于实心燃料的优势在于两侧换热，能够把热量迅速带出，降低了燃料包壳温度和热流密度，这样就能增加堆芯功率密度及加深燃料燃耗，从而提高环形燃料的经济性	生产成本比普通的压水堆(PWR)燃料高	10 年

续表

部件或系统	技术名称	技术内容描述	技术难点或限制条件	预计研发周期
包壳材料	合金	FeCrAl 合金: 在高温及低温下都具有很好的机械性能、很好的抗氧化能力及很好的抗辐照能力, 另外 FeCrAl 合金薄管已实现工业化生产 Mo 合金: 具有良好的导热性、导电性和低的膨胀系数, 在高温下有很高的强度	FeCrAl 合金: 相对较低的熔点以及较大的中子吸收截面 Mo 合金: 具有低温脆性和焊接脆性, 且高温易氧化	FeCrAl 合金: 5 年; Mo 合金: 10 年
	陶瓷材料及复合材料	SiC 陶瓷材料: 具有高熔点、较小的中子吸收截面、高热导率、高温稳定性、高机械强度、良好的中子辐照稳定性以及耐腐蚀等优点 SiC/SiC 多层复合材料: 由 SiC 纤维、热解碳 PyC 以及 SiC 矩阵组成	SiC 材料脆性较大, 应用 SiC 包壳后反应堆燃料的性能及燃料与 SiC 包壳的界面, 需进行高温氧化、腐蚀以及辐照测试试验	5 年
	涂层	锆合金表面镀 Cr、SiC 涂层, 具体方法有: ①物理气相沉积; ②激光表面改性; ③热等静压技术; ④冷喷涂技术	利用先进的涂层制备技术制备出新型高性能涂层, 提高锆合金表面性能	5 年

1.3 国内外研究现状

1. 实验研究

2006 年, 美国普渡大学的 Solomon 教授选用 BeO 作为添加剂合成具有高热导率的复合燃料 UO_2-BeO[13], 其中 BeO 添加剂体积分数为 2.1%~36.4%。实验发现在 UO_2 芯块晶粒间隙中形成连续的 BeO 相的情况下复合燃料的热导率有显著提高, 并且 BeO 添加量过大容易使燃料元件铀装量降低, 研究人员对 UO_2-BeO 燃料的经济性也做了相关分析, 发现 UO_2-BeO 燃料在燃耗高于 $60MW \cdot d/kg$ 时其经济性优于 UO_2, 因为其燃料循环成本比 UO_2 的更低[14]。

2013 年, 美国佛罗里达大学的 Yeo 等将热导率高、抗腐蚀、中子吸收少的 SiC 作为添加剂通过放电等离子烧结方法合成了 UO_2-SiC 复合燃料[4], 其中 SiC 的体积分数为 5%~20%。测得的热导率相比 UO_2 有明显提高, 机械性能也有较大提升。

2015 年韩国原子能研究所 Kim 等将熔点高、导热性好, 并且吸收截面适中, 不影响燃料经济性的 Mo 金属与 UO_2 混合、压制、烧结, 形成 Mo 微晶胞 UO_2 复合燃料[5]。Mo 金属的体积分数为 2%~10%。测得复合燃料的热导率有较明显的提高, Lee 等还进一步对 UO_2-Mo 燃料的热学性能进行了数值模拟分析, 揭示了 Mo 金属的掺入导致燃料热导率提升的机理[15]。

2015 年, 美国洛斯阿拉莫斯国家实验室报道了一种高纯度的 U_3Si_2 燃料芯块[6], 并且对部分芯块性能进行了表征, 发现该燃料的热导率随温度的上升而上升, 具有很好的应用前景。目前该燃料的部分材料性质未有报道, 如裂变气体在燃料内部的扩散速率、U_3Si_2 燃料的肿胀率等，这些材料性质对于 U_3Si_2 燃料的性能影响较大，目前还未有相关实验数据报道，分子动力学模拟计算提供了一种计算这些材料性质的有效方法。

带有 Cr 涂层的锆合金包壳被认为是近期最有可能应用于反应堆中的事故容错包壳材料，最近，法国原子能和替代能源委员会在实验室制备了一种带有 Cr 涂层的锆合金包壳[16]，其微观结构图如图 1-1 所示，其中 Cr 涂层的厚度大约为 10μm。通过实验室腐蚀实验、高温氧化实验以及磨损实验，发现这种带有 Cr 涂层结构的锆合金包壳具有很好的抗腐蚀性能(特别是在高温环境下)以及很好的机械性能，因而被认为具有很好的应用前景。

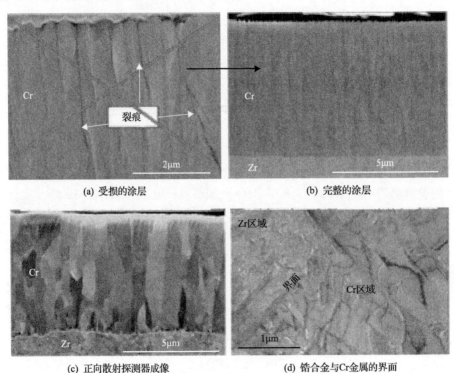

(a) 受损的涂层   (b) 完整的涂层

(c) 正向散射探测器成像   (d) 锆合金与Cr金属的界面

图 1-1 带有 Cr 涂层的锆合金包壳的微观结构图

近年来，SiC 及 SiC/SiC 复合材料因其熔点高、抗氧化、低中子吸收截面、高的机械强度等特性而应用于包壳材料[17]，与锆合金相比，SiC 材料价格昂贵、生产工艺不成熟、辐照实验数据缺乏，很多相关规格标准，甚至反应堆热工设计都需重新变动，如 UO_2 丰度、换料周期等。但同时 SiC 具有更好的耐腐蚀性能，是一种极具应用潜力的材料，有可能成为第四代核反应堆的包壳材料，还需投入大量研究。采用 SiC/SiC 复合材料作为包壳材料，可带来诸多性能提升：其耐高温的特性(可在 900℃运行)可以提升堆芯平均功率约 30%；耐中子辐照(可承受 200dpa)及高燃耗的能力可以进一步延长换料周期；高温下 SiC 与水反应缓慢，并且不会产生氢气，有利于保持包壳的结构完整性和降低氢气爆炸的风险；特别是在地震和失水事故(loss of coolant accident，LOCA)等严重工况下，耐高温氧化的特性可以提高核电厂的安全性，避免类似福岛事故中多次氢爆导致放射性物质大量泄漏的灾难性后果[17]。基于 SiC 单体材料的脆性及 SiC/SiC 复合材料的不密封性的特点，美国麻省理工学院 Kazimi 教授等分析了一种新的具有两层或者三层结构的 SiC 包壳的性能[18]，并且最后得出一种双层结构的 SiC 包壳材料(内层为 SiC/SiC 复合材料，外层为 SiC 单体)的失效概率最小[19]，其有望成为具有良好应用前景的耐事故包壳材料。

另一种具有良好应用前景的包壳材料为 FeCrAl 合金，该合金具有很好的机械强度以及优越的高温蒸汽环境中的抗氧化、抗辐照能力，同时还具有高达 1500℃的熔点[11]。其中子经济性不及锆合金和 SiC 材料，这可以通过设计更薄的 FeCrAl 包壳来克服[11]，其有望应用为新一代先进包壳材料。为此，作者也结合了 U_3Si_2 燃料具体分析了 U_3Si_2 与 FeCrAl 合金组合的燃料系统在反应堆正常工况下的性能，发现 FeCrAl 包壳能够有效延迟燃料与包壳的力学相互作用，进而提升核反应堆的安全性[20]。

2. 理论模拟

理论模拟最早是由 Kazimi 教授的课题组成员利用 FRAPCON 程序对环形燃料进行了设计分析[1]，其设计具体如图 1-2 所示，发现环形燃料能够有效降低堆芯温度以及减少裂变气体的产生量。研究人员还对环形燃料的热工性能进行了分析研究，发现环形燃料内的热流密度受燃料的热膨胀、密实化、肿胀、蠕变以及裂变气体的释放等因素的影响[2]。在此基础上，下一步的研究工作将是优化燃料与内外包壳的气隙大小，分析内外气隙大小对环形燃料性能的影响以及辐照过程中燃料与包壳的力学相互作用情况。对 SiC 包壳应用于反应堆的性能分析，如图 1-3(a)所示，Carpenter 等设计并分析了一种由 SiC 单体及 SiC 复合材料组成的三层结构的 SiC 包壳，指出了 SiC 材料应用于包壳材料的限制条件是裂变气体产生的压力以及燃料和包壳力学相互作用过程的压力[19]。Powers 等也利用 Bison 程序对由 SiC 及 SiC 复合材料组成的双层结构的 SiC 材料进行了模型的建立和初步的性能分析[20]，如图 1-3(b)所示，他们初步分析了双层结构的 SiC 包壳中应力变化情况，其中 SiC 的材料性质采用的是恒定的参数，因而进一步的工作还需考虑更加准确的 SiC 材料性质参数，以及进一步分析、比较双层和三层结构的 SiC 包壳材料应用于反应堆的性能。此外，最近 Shirvan 教授研究组的李伟对 U_3Si_2 燃料与具有双层结构的 SiC 包壳材料组成的燃料包壳组合在反应堆正常运行工况下的性能进行了分析研究[21]，研究表明 U_3Si_2 燃料相比 UO_2 燃料能够大幅降低燃料中心温度，但同时指出 SiC 包壳材料厚度为 0.75mm 时，其中 SiC 复合材料的应力比较大，进而使 SiC 材料产生微小裂纹从而影响其热导率，因而需要对该燃料包壳组合进行结构设计、优化，以及分析其在反应堆事故工况下的性能。

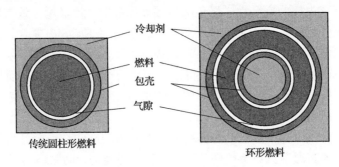

图 1-2　环形燃料设计

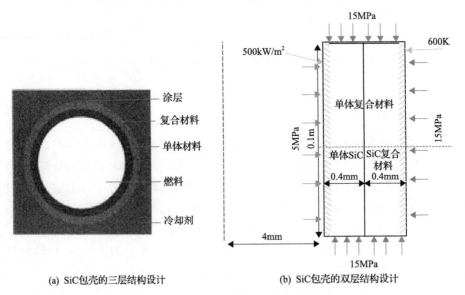

(a) SiC包壳的三层结构设计　　　　　(b) SiC包壳的双层结构设计

图 1-3　SiC 包壳材料的结构设计

美国爱达荷国家实验室的 Williamson 等通过开发 Bison 程序对 TRISO 颗粒燃料性能进行了二维及三维几何构型的较为全面的分析[22]，并与其他 TRISO 颗粒燃料性能分析程序(如 Parfume，ATLAS 和 Stress 3)进行了对比分析和验证。其三维结构如图 1-4 所示，TRISO 颗粒燃料由内核和包覆层两部分组成，其中内核为球形 UO_2 或 UN 燃料，包覆层由内往外依次为疏松热解碳缓冲层(Buffer 层)、内部致密热解碳层(IPyC 层)、碳化硅层(SiC 层)及外部致密热解碳层(OPyC 层)。其中 Buffer 层能吸收裂变碎片，减轻其他层所受辐照损伤，包容堆芯的辐照肿胀，还可容纳裂变气体及减少固态裂变产物往外扩散。SiC 层是主要的承压边界和裂变产物扩散的障碍。Williamson 和 Hales 等在开发分析 TRISO 燃料性能的 Bison 程序的基础上，指出了今后的进一步研究工作，即考虑分析 TRISO 燃料的失效机制，建立更加具有物理意义的分析模型及采用更先进的材料性质模型。

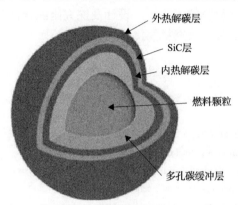

外热解碳层

SiC层

内热解碳层

燃料颗粒

多孔碳缓冲层

图 1-4　TRISO 颗粒燃料三维结构图

此外还有 Metzger 等利用 Bison 程序对 U_3Si_2 燃料进行了初步的性能分析[23]，发现具有高热导率的 U_3Si_2 燃料能够有效降低燃料中心温度，推迟燃料与包壳的力学相互作用。但目前实验室对 U_3Si_2 燃料的部分性质研究尚未报道，如 U_3Si_2 燃料中裂变气体的扩散系数、裂变气体导致的肿胀率等。最近 Miao 等通过 GRASS-SST 程序计算了 U_3Si_2 燃料的裂变气体肿胀率[24]，这也为本书通过分子动力学计算 U_3Si_2 燃料的材料性质提供了有益参考。

美国的 Gamble 和 Sweet 等利用 Bison 程序对 FeCrAl 合金应用于轻水堆包壳的性能进行了分析[11,25]，分别考虑了在正常运行和失水事故的情况下的性能，并与锆合金应用于轻水堆的性能进行对比，发现 FeCrAl 合金能够有效延迟气隙闭合时间以及缓和燃料与包壳的力学相互作用，从而提升反应堆的安全性。进一步的分析工作可以是考虑并分析不同的事故容错燃料与 FeCrAl 合金所组成的事故容错燃料系统的性能。

事故容错燃料的研发在 2011 年日本福岛核电事故后引起人们的高度重视而成为一个新的研发方向，目前事故容错燃料主要发展具有高热导率、良好机械性能的复合燃料和高密度陶瓷燃料，以及对裂变气体吸收性好的 TRISO 颗粒燃料，包壳材料主要发展抗氧化、抗蠕变高性能材料，其尚处于试验和验证阶段。我国也于 2015 年 10 月启动了国家科技重大专项课题"事故容错燃料关键技术研究"。该专项课题由中广核研究院有限公司牵头，联合环保部安审中心、国家电力投资集团有限公司、中国科学院、中国工程物理研究院、中国核工业集团有限公司等 7 家单位共同承担，致力于事故容错燃料的研发，各项成果可望应用于"华龙一号"的改进，争取最终研发中国版事故容错燃料。

在紧紧把握上述国内外研究现状及发展趋势的基础上，结合作者现有的研究基础，提出事故容错燃料的中子物理、热工水力及燃料性能的研究，拟对不同组合的事故容错燃料系统在反应堆正常运行工况及事故工况进行研究，期望通过综合考虑各种燃料和包壳材料的优缺点，设计及探究出综合性能较优的事故容错燃料系统组合，从而为事故容错燃料的优化设计和实验研究提供理论参考。

参 考 文 献

[1] Yuan Y. The design of high power density annular fuel for LWRs. Cambridge: Massachusetts Institute of Technology, 2004.

[2] Deng Y B, Wu Y W, Li Y M ,et al. Mechanism study and theoretical simulation on heat split phenomenon in dual-cooled annular fuel element. Ann Nucl Energy, 2016, 94: 45-54.

[3] Zhou W, Liu R, Revankar S T. Fabrication methods and thermal hydraulics analysis of enhanced thermal conductivity UO_2-BeO fuel in light water reactors. Ann Nucl Energy, 2015, 81: 240-248.

[4] Yeo S, Mckenna E, Baney R, et al. Enhanced thermal conductivity of uranium dioxide-silicon carbide composite fuel pellets prepared by Spark Plasma Sintering（SPS）. J Nucl Mater, 2013, 433: 66-73.

[5] Kim D J, Rhee Y W, Kim J H, et al. Fabrication of micro-cell UO_2-Mo pellet with enhanced thermal conductivity. J Nucl Mater, 2015, 462: 289-295.

[6] White J T, Nelson A T, Byler D D, et al. Thermophysical properties of U_3Si_2 to 1773 K. J Nucl Mater, 2015, 464: 275-280.

[7] Claisse A. Multiscale modeling of nitride fuels. Stockholm: KTH Royal Institute of Technology, 2016.

[8] Skerjanc W F, Maki J T, Collin B P, et al. Evaluation of design parameters for TRISO-coated fuel particles to establish manufacturing critical limits using PARFUME. J Nucl Mater, 2016, 469: 99-105.

[9] Yueh K, Terrani K A. Silicon carbide composite for light water reactor fuel assembly applications. J Nucl Mater, 2014, 448: 380-388.

[10] Singh G, Terrani K A, Katoh Y. Thermo-mechanical assessment of full SiC/SiC composite cladding for LWR applications with sensitivity analysis. J Nucl Mater, 2018, 499: 126-143.

[11] Gamble K A, Barani T, Pizzocri D, et al. An investigation of FeCrAl cladding behavior under normal operating and loss of coolant conditions. J Nucl Mater, 2017, 491: 55-66.

[12] 武小莉, 汪洋, 张亚培, 等. 事故容错燃料在大破口事故下的安全分析. 原子能科学技术, 2016, 50(6): 1065-1071.

[13] Solomon A, Revankar S, McCoy J K. Enhanced thermal conductivity oxide fuels. West Lafayette: Purdue University, 2006.

[14] Kim S K, Ko W I, Kim H D, et al. Cost benifit analysis of BeO-UO_2 nuclear fuel. Prog Nucl Energy, 2010, 52: 813-821.

[15] Lee H S, Kim D J, Kim S W, et al. Numerical characterization of micro-cell UO_2-Mo pellet for enhanced thermal performance. J Nucl Mater, 2016, 477: 88-94.

[16] 李文杰, 高士鑫, 陈平, 等. SiC 复合包壳堆内性能初步分析. 核动力工程, 2016, 37(1): 148-151.

[17] Robb K R, McMurray J W, Terrani K A, et al. Severe accident analysis of BWR core fueled with UO_2/FeCrAl with updated materials and melt properties from experinmets. ORNL/TM-2016/237.

[18] Carpenter D M. An assessment of silicon carbide as a cladding material for light water reactors. Cambridge: Massachusetts Institute of Technology, 2010.

[19] Powers J J. Early implementation of SiC cladding fuel performance models in BISON. ORNL/TM-2015/452.

[20] Liu R, Zhou W, Cai J. Multiphysics modeling of accident tolerant fuel-cladding U_3Si_2-FeCrAl performance in a light water reactor.Nucl Eng Des, 2018, 330: 106-116.

[21] Li W, Shirvan K. ABAQUS analysis of the SiC cladding fuel rod behavior under PWR normal operation conditions. J Nucl Mater, 2019, 515: 14-27.

[22] Hales J D, Williamson R L. Multidimensional multiphysics simulation of TRISO particle fuel. J Nucl Mater, 2013, 443: 531-543.

[23] Metzger K E, Knight T W, Williamson R L. Model of U_3Si_2 fuel system using BISON fuel code. Proceedings of the International Congress on Advances in Nuclear Power Plants-ICAPP, Charlotte, NC, 2014.

[24] Miao Y B, Gamble K A, Andersson D, et al. Gaseous swelling of U_3Si_2 during steady-state LWR operation: A rate theory investigation. Nucl Eng Des, 2017, 322: 336-344.

[25] Sweet R, George N M, Terrani K A, et al. BISON fuel performance analysis of FeCrAl cladding with updated properties. Oak Ridge. Oak Ridge. National Lab, 2016.

第 2 章　事故容错燃料性能分析

2.1　UO_2-BeO 三明治结构燃料的性能分析

2.1.1　引言

目前大部分在运行的商用核电站都是以烧结的 UO_2 为核燃料的，这也是大多数反应堆设计的燃料选择，包括压水堆、沸水堆、加压重水堆以及气冷和金属冷却反应堆。这是因为 UO_2 具有较好的化学和物理性质，如具有很高的熔点、高温下的热稳定性、与包壳和冷凝剂有较好的化学相容性，以及较好的抗辐射和裂变产物导致的肿胀能力。然而，UO_2 最主要的一个不足之处就是其很低的热导率，进而导致了很高的燃料温度及较大的温度梯度。当考虑热膨胀时，高温及较大的温度梯度将会导致燃料开裂，燃料与包壳将有力学相互作用以及裂变气体的释放[1-4]。

从理论上讲，开发一种高热导率的 UO_2 燃料可以降低燃料的温度和减小温度梯度，从而提升反应堆的性能，即可以通过减小热膨胀和热应力来减缓燃料与包壳的力学作用[1,3]。并且更低的燃料温度能降低裂变产物的迁移率，从而减少裂变气体的释放、晶界肿胀以及应力腐蚀开裂，这使得燃料可以达到更高的燃耗，同时也提升了核反应堆的安全性。

提高核燃料的热导率可以通过制备一种由 UO_2 与一种具有良好物理、化学稳定性的高热导率的材料所组成的复合材料来实现。一大批材料已经被提议使用，包括碳(以石墨烯、金刚石、碳纳米管的形式)、陶瓷(如 ThO_2、SiC、UN 和 BeO)及一些具有高熔点和良好化学稳定性的高温金属[5-11]。

SiC 和 BeO 被认为是与 UO_2 具有良好的兼容性的两种最有应用前景的材料，并且都具有很高的热导率[12,13]。其中 UO_2-BeO 复合燃料的热导率已由作者通过开发计算模型计算得到[14]，并且根据 Kim 等的 UO_2-BeO 复合燃料的成本分析，UO_2-BeO 复合燃料生产过程复杂，工艺流程繁多。而 UO_2-BeO 三明治结构燃料生产成本由于其简单的几何结构设计可能能够大幅降低。因此，本章将着重介绍 UO_2-BeO 三明治结构燃料，其中考虑了三种几何构型的三明治结构燃料，其在轻水堆中的性能是通过基于 COMSOL 平台开发的多物理场全耦合燃料性能分析程序来进行研究的，并与 UO_2-BeO 复合燃料在轻水堆中的性能进行了对比。

基于 COMSOL 平台开发的多物理场全耦合燃料性能分析程序考虑了裂变反应过程中大部分的物理模型，包括热量的产生和传递、氧的扩散、热力学(包括热膨胀、弹性形变、密实化、裂变产物肿胀)、晶粒生长、裂变气体的产生和释放、气隙导热、燃料与包壳的力学接触、气隙压强、包壳热辐照蠕变及氧化，这些过程都是完全耦合的热学、力学及化学变化过程。通过完全耦合的多物理场模拟，可以对 UO_2-BeO 三明治结构燃料的性能了解得更加透彻。

2.1.2　UO_2-BeO 复合燃料性质

为了对比 UO_2-BeO 三明治结构燃料与 UO_2-BeO 复合燃料的性能，本小节将介绍 UO_2-BeO 复合燃料、UO_2 燃料、BeO、锆合金包壳的材料性质。

1. UO_2-BeO 复合燃料和 BeO 材料的性质

1) 热导率

UO_2-BeO 复合燃料热导率(k)由以下计算公式给出，考虑了裂变产物、孔隙度、化学计量比及辐照损伤的影响[15,16]：

$$k = k_{UO_2\text{-BeO}} \cdot f_d \cdot f_p \cdot f_{por} \cdot f_x \cdot f_r \tag{2-1}$$

其中，$k_{UO_2\text{-BeO}}$ 为 UO_2-BeO 复合燃料未发生辐射情况下的热导率；f_d 为溶解裂变产物修正因子；f_p 为沉淀裂变产物修正因子；f_{por} 为孔隙度修正因子；f_x 为偏离化学计量比因子；f_r 为辐照损伤修正因子。

考虑到 UO_2-BeO 燃料成品的多孔性，其热导率的计算还考虑了一个修正因子：

$$k_{UO_2\text{-BeO}} = k_{95UO_2\text{-BeO}} \cdot \left[\frac{1}{1-(2.6-5\times10^{-4}T)\cdot0.05} \right] \tag{2-2}$$

美国佛罗里达大学 Yeo 通过放电等离子烧结的方法合成了 UO_2-SiC 复合燃料[17]，并且比较了三种计算 UO_2-SiC 复合燃料有效热导率的计算模型，本章采用的其中一种 Hasselman-Johnson 模型能够准确计算 UO_2-BeO 复合燃料的热导率[18]：

$$k_{eff} = k_m \frac{2\left(\dfrac{k_p}{k_m}-\dfrac{k_p}{\alpha h_c}-1\right)V_p + \dfrac{k_p}{k_m} + 2\dfrac{k_p}{\alpha h_c}+2}{\left(1-\dfrac{k_p}{k_m}+\dfrac{k_p}{\alpha h_c}\right)V_p + \dfrac{k_p}{k_m}2\dfrac{k_p}{\alpha h_c}+2} \tag{2-3}$$

其中，k_{eff} 为有效热导率；下标 p 和 m 分别代表微粒和基体；V_p 为微粒的体积分数；α 为微粒的半径；h_c 为界面热导率，由以下声子失配模型计算得到[19]：

$$h_c \approx \frac{1}{2}\rho_m \cdot C_p \cdot \frac{v_m^3}{v_p^2} \cdot \frac{\rho_m \rho_p v_m v_p}{(\rho_m v_m + \rho_p v_p)^2} \tag{2-4}$$

其中，ρ 为密度；C_p 为基体材料的比定压热容；v 为声子速度。UO_2 基体的声子速度由以下公式计算得到[20]：

$$\frac{1}{v_l^2} + \frac{2}{v_t^2} = \frac{3}{v^2} \tag{2-5}$$

其中，v_l 和 v_t 分别为纵向和横向声子速度，UO_2 的参考纵向和横向声子速度分别为 5552.7m/s 和 2841.8m/s[21]，BeO 材料的参考纵向和横向声子速度分别为 10940m/s 和 6770m/s[22]。

通过以上参数以及 UO_2 微粒的半径 5μm，BeO 在 UO_2-BeO 复合燃料里为基体材料，而 UO_2 则为微粒材料。另外考虑了由相互连接的第二相产生相互连接的热流路径而引起的一个 1.13 的修正因子，结合 Hasselman-Johnson 模型，三种 BeO 体积分数的 UO_2-BeO 复合燃料(2.1%、4.2%、36.4%)的热导率如图 2-1 和表 2-1 所示[10,23,24]，可以看出理论计算结果与实验测量结果非常吻合。在研究工作中，选取 UO_2-36.4%BeO 复合燃料与 UO_2 和 UO_2-BeO 三明治结构燃料的性能进行对比。

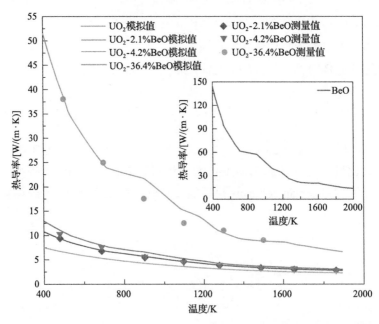

图 2-1　BeO、UO_2 燃料和 UO_2-BeO 复合燃料测量和模拟得到的热导率

表 2-1　UO₂-BeO 复合燃料测量得到的热导率

BeO 2.1%		BeO 4.2%		BeO 36.4%	
T/K	k/[W/(m·K)]	T/K	k/[W/(m·K)]	T/K	k/[W/(m·K)]
479	9.4	479	10.3	500	38.0
688	6.8	688	7.6	700	25.0
903	5.4	903	5.6	900	17.5
1097	4.6	1097	4.5	1100	12.5
1278	3.8	1278	3.9	1300	11.0
1486	3.3	1486	3.3	1500	9.0
1653	3.0	1653	3.2		
1860	2.8	1860	2.8		

与 UO₂ 燃料热导率 Fink-Lucuta 模型类似，考虑由辐照引起的燃料热导率变化的影响因子由以下四个公式给出[15]：

$$f_{d} = \left(\frac{1.09}{Bu^{3.265}} + 0.0643 \cdot \sqrt{\frac{T}{Bu}} \right) \cdot \arctan \left(\frac{1.0}{\dfrac{1.09}{Bu^{3.265}} + 0.0643 \cdot \sqrt{\dfrac{T}{Bu}}} \right) \quad (2\text{-}6)$$

$$f_{p} = 1.0 + \left(\frac{0.019 \cdot Bu}{3.0 - 0.019 \cdot Bu} \right) \cdot \left[\frac{1.0}{1.0 + \exp \left(\dfrac{-(T-1200)}{100} \right)} \right] \quad (2\text{-}7)$$

$$f_{por} = \frac{1.0 - p}{1.0 + 0.5p} \quad (2\text{-}8)$$

$$f_{r} = 1.0 - \frac{0.2}{1.0 + \exp \left(\dfrac{T-900}{80} \right)} \quad (2\text{-}9)$$

其中，T 为温度；p 为孔隙度；Bu 为燃耗(%，原子分数)。Fink-Lucuta 模型适用的温度范围为 298K 到 3120K[15,16]，这为计算含 UO₂ 体积分数较大的复合燃料性能提供了合理的出发点。然而，这一计算模型需要在反应堆中复合燃料辐照后的测量中进行评估，因此提出一种考虑含有 BeO 的 UO₂ 燃料热导率的改进模型。

2) 比定压热容

复合燃料的比定压热容通过 UO₂ 和 BeO 的质量分数分别乘以各自的比定压热容来计算：

$$
\begin{cases}
W_{\mathrm{UO_2}} = \dfrac{V_{\mathrm{UO_2}} \cdot \rho_{\mathrm{UO_2}}}{V_{\mathrm{UO_2}} \cdot \rho_{\mathrm{UO_2}} + V_{\mathrm{BeO}} \cdot \rho_{\mathrm{BeO}}} \\[4mm]
W_{\mathrm{BeO}} = \dfrac{V_{\mathrm{BeO}} \cdot \rho_{\mathrm{BeO}}}{V_{\mathrm{UO_2}} \cdot \rho_{\mathrm{UO_2}} + V_{\mathrm{BeO}} \cdot \rho_{\mathrm{BeO}}}
\end{cases}
\tag{2-10}
$$

UO_2-BeO 复合燃料比定压热容则由以下公式给出：

$$
C_{p,\,\mathrm{UO_2\text{-}BeO}} = W_{\mathrm{UO_2}} \cdot C_{p,\,\mathrm{UO_2}} + W_{\mathrm{BeO}} \cdot C_{p,\,\mathrm{BeO}}
\tag{2-11}
$$

UO_2 的比定压热容由 MATPRO-11 关系式给出[25]：

$$
C_{p,\,\mathrm{UO_2}} = \frac{K_1 \theta^2 \exp\!\left(\dfrac{\theta}{T}\right)}{T^2 \left[\exp\!\left(\dfrac{\theta}{T}\right) - 1\right]} + K_2 T + \frac{Y K_3 E_{\mathrm{D}}}{2RT^2} \exp\!\left(-\frac{E_{\mathrm{D}}}{RT}\right)
\tag{2-12}
$$

其中，T 为温度；K_1、K_2 和 K_3 为常数；Y 为氧金属比；R 为摩尔气体常数；θ 为爱因斯坦温度；E_{D} 为 Frenkel 缺陷的活化能。

BeO 比定压热容由 Chandramouli 等给出[26]：

$$
C_{p,\,\mathrm{BeO}} = 1000 \cdot \left[0.036 \cdot \left(\frac{T-650}{360}\right)^3 - 0.12 \cdot \left(\frac{T-650}{360}\right)^2 + 0.2 \cdot \left(\frac{T-650}{360}\right) + 1.9 \right]
\tag{2-13}
$$

UO_2、BeO 和 UO_2-BeO 的比定压热容如图 2-2 所示，假设氧金属比为 2。

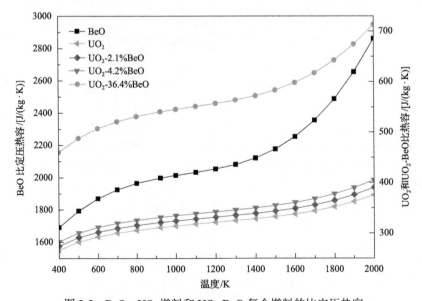

图 2-2　BeO、UO_2 燃料和 UO_2-BeO 复合燃料的比定压热容

3) 密度

UO$_2$-BeO 燃料的密度通过 UO$_2$ 和 BeO 的体积分数乘以各自的密度计算得到:

$$\rho_{\text{UO}_2\text{-BeO}} = V_{\text{UO}_2} \cdot \rho_{\text{UO}_2} + V_{\text{BeO}} \cdot \rho_{\text{BeO}} \tag{2-14}$$

其中, UO$_2$ 的密度由 Fink 给出[16], BeO 的密度由国际原子能机构(IAEA)给出[27]:

$$\rho_{\text{BeO}} = 0.21 \cdot \left(\frac{T-1200}{530}\right)^4 + 2.6 \cdot \left(\frac{T-1200}{530}\right)^3 - 3 \cdot \left(\frac{T-1200}{530}\right)^2 - 63 \cdot \left(\frac{T-1200}{530}\right) + 2900$$

$$\tag{2-15}$$

UO$_2$、BeO 和 UO$_2$-BeO 的密度如图 2-3 所示。

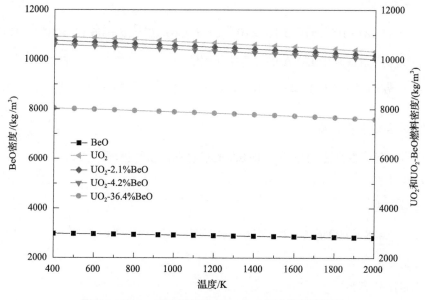

图 2-3　BeO、UO$_2$ 燃料和 UO$_2$-BeO 复合燃料的密度

4) UO$_2$-BeO 的杨氏模量、泊松比及热膨胀系数

UO$_2$-BeO 的杨氏模量、泊松比及热膨胀系数由以下公式给出:

$$E_{\text{UO}_2\text{-BeO}} = V_{\text{UO}_2} \cdot E_{\text{UO}_2} + V_{\text{BeO}} \cdot E_{\text{BeO}} \tag{2-16}$$

$$v_{\text{UO}_2\text{-BeO}} = V_{\text{UO}_2} \cdot v_{\text{UO}_2} + V_{\text{BeO}} \cdot v_{\text{BeO}} \tag{2-17}$$

$$\alpha(\text{UO}_2\text{-BeO}) = V_{\text{UO}_2} \cdot \alpha(\text{UO}_2) + V_{\text{BeO}} \cdot \alpha(\text{BeO}) \tag{2-18}$$

其中, UO$_2$ 的杨氏模量由 Martin 给出[28]:

$$E_{UO_2} = (2.234e'') \cdot \left[1 - (1.091e^{-4}) \cdot T \cdot \exp(-1.34X_{dev}) \right] \qquad (2\text{-}19)$$

其中，X_{dev} 为氧金属比偏差；T 为温度。UO_2 的泊松比也由 Martin[28]给出：

$$\nu_{UO_2} = 0.316 + (0.5 - 0.316)(T - 300)/2800 \qquad (2\text{-}20)$$

BeO 的杨氏模量、泊松比为 3.5×10^{11}Pa 和 0.229[29]。UO_2 的热膨胀系数为[28]

$$\alpha = a + bT + cT^2 + dT^3 \qquad (2\text{-}21)$$

其中，温度低于或等于 923K 时，

$$a = 9.828 \times 10^{-6}, b = -6.390 \times 10^{-10}, c = 1.33 \times 10^{-12}, d = -1.757 \times 10^{-17} \quad (2\text{-}22)$$

温度高于 923K 时，

$$a = 1.183 \times 10^{-5}, b = -5.103 \times 10^{-9}, c = 3.756 \times 10^{-12}, d = -6.125 \times 10^{-17} \quad (2\text{-}23)$$

BeO 的热膨胀系数则由 IAEA 的计算给出[27]：

$$\alpha \times 10^6 = 5.133 + 4.65 \times 10^{-3}T - 1.539 \times 10^{-7}T^2 - 3.621 \times 10^{-10}T^3 \qquad (2\text{-}24)$$

2. 锆合金包壳性质

锆合金包壳性质主要采用了 IAEA 的热物理性质数据库[30,31]。

1) 热导率

热导率为

$$k_{Zr} = 11.498 + 0.0046765 \cdot T + 2.761 \times 10^{-6} \cdot T^2 + 2.2147 \times 10 - 6 \cdot T^3 \qquad (2\text{-}25)$$

2) 比定压热容

比定压热容为

$$C_{p,Zr} = 255.66 + 0.1024T \qquad (2\text{-}26)$$

3) 密度

密度为

$$\rho_{Zr} = 6595.2 - 0.1477T \qquad (2\text{-}27)$$

4) 泊松比

泊松比为

$$\nu_{Zr} = 0.32 \qquad (2\text{-}28)$$

5）杨氏模量

杨氏模量为

$$E_{Zr} = 108.8 \times 10^9 - 5.475 \times 10^7 T \tag{2-29}$$

6）热膨胀系数

热膨胀系数为

$$\alpha_{Zr} = \begin{cases} 7.092 \times 10^{-6}, & \text{径向} \\ 9.999 \times 10^{-6}, & \text{环向} \\ 5.458 \times 10^{-6}, & \text{轴向} \end{cases} \tag{2-30}$$

2.1.3　模型构建

1. 几何模型

采用二维轴对称的几何模型，如图 2-4(a)所示，采用周期性边界条件来代表数个燃料元件，图 2-4(b)所示是计算的映射网格。这一几何模型应用于 UO_2 和 UO_2-BeO 复合燃料。而三明治结构燃料是在图 2-4(a)的基础上修改的，如图 2-5 所示，燃料的几何模型分别在轴向和纵向的方向划分为独立的三部分。首先考虑体积分数为 36.4% 的 UO_2-BeO 三明治结构燃料，如图 2-5(a)和图 2-5(b)所示，中

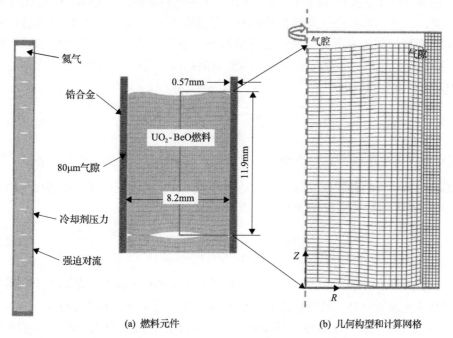

(a) 燃料元件　　　　　　　　　　(b) 几何构型和计算网格

图 2-4　Bison 采用的几何构型和网格与本节采用的二维轴对称几何模型和网格

间部分是 BeO，另外一种几何模型类似环形燃料的设计，BeO 位于燃料的最内部，如图 2-5(c) 所示。另外还考虑了 BeO 体积分数为 18.2%和 4.2%三明治结构燃料，同时对相同体积分数的 UO$_2$-BeO 复合燃料的性能也进行了对比分析。

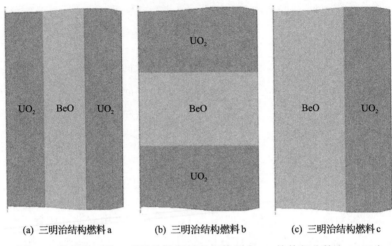

(a) 三明治结构燃料 a　　　　(b) 三明治结构燃料 b　　　　(c) 三明治结构燃料 c

图 2-5　考虑的三种三明治结构燃料几何构型(BeO 的体积分数为 36.4%)

2. 模拟细节

根据前面介绍的几何构型，本节考虑了五种燃料构型，即 UO$_2$、UO$_2$-BeO 复合燃料、三种 UO$_2$-BeO 三明治结构燃料，详见表 2-2。UO$_2$ 及 UO$_2$-BeO 复合燃料的多物理模型与作者前期的研究工作的模型一致[14]，本节没有考虑氧的扩散模型，并设置氧金属比为 2.05。考虑均匀分布的热源，反应堆中因功率而产生的热源(Q) 由以下公式给出：

$$Q = \frac{P_{\text{lin}}}{\pi \cdot a_{\text{pellet}}^2} \tag{2-31}$$

其中，P_{lin} 为线功率；a_{pellet} 为燃料元件半径。其忽略了中子通量降低的影响，这一影响导致了燃料外表面具有更高的功率，因此计算的温度会有所偏高(约 10～50K)。对于三明治结构的燃料而言，其热源为

$$Q = \frac{P_{\text{lin}}}{\pi \cdot a_{\text{pellet}}^2 - \varphi \cdot \pi \cdot a_{\text{pellet}}^2} \tag{2-32}$$

其中，φ 为 BeO 的体积分数。BeO 不含热源，因此燃料区域的热源比整个燃料元件的功率密度大一些，这要通过更高的 UO$_2$ 富集度来实现。对于 UO$_2$ 和 BeO 之间的界面传热，由于 BeO 的热导率比 UO$_2$ 高很多，并且基于 TRISO 涂层的多层颗粒的涂层方法，制备时可以保持很小的间隙[32]，所以考虑较为简单的 UO$_2$ 与

BeO 完全接触的理想情况，这也与 TRISO 燃料的模拟工作假设一致[33]。对于固体力学模型，在 BeO 区域只考虑了热膨胀，而对于 UO_2-BeO 复合燃料，由于目前缺少相关的实验数据，考虑与 UO_2 燃料一样的热蠕变和辐照蠕变模型，以及燃料密实化和肿胀模型。

表 2-2　本节考虑的五种燃料构型

研究的燃料构型	UO_2 燃料	UO_2-BeO 复合燃料	UO_2-BeO 三明治结构燃料 a	UO_2-BeO 三明治结构燃料 b	UO_2-BeO 三明治结构燃料 c
BeO 体积分数/%	0	4.2, 18.2, 36.4	4.2, 18.2, 36.4	36.4	4.2, 18.2, 36.4

裂变气体的产生和释放以及晶粒的生长模型也采用了与 UO_2 燃料一致的模型，气隙的热传递、燃料与包壳的力学接触、气隙压强、包壳的热蠕变以及辐照蠕变等模型也与前面开发的 UO_2 燃料性能分析程序中的模型一致。

所有的模型均采用 COMSOL 内置的非线性后向差分公式求解时间导数，针对由弱解形式方程定义和有限元网格组合而成的线性方程组，采用了一种 MUMPS 的直接求解器，并且在 COMSOL 中所有求解的变量都预先设定了一个大概的求解值，这样可以提升数值求解的稳定性和准确性。

2.1.4　结果与讨论

本小节介绍对 UO_2 燃料、UO_2-BeO 三明治结构燃料、UO_2-BeO 复合燃料的性能分析，采用二维轴对称的几何模型。如图 2-4(b) 所示，模拟的几何模型包括燃料元件、包壳、80μm 气隙及燃料顶部的气腔。气腔与燃料元件的长度的比值为 0.045。在包壳外表面考虑一个均匀对流边界条件来模拟包壳外流动的冷却剂的传热过程。燃料元件中的线功率设定为在前 3h 内线性递增然后在 3.8 年内保持不变，采用典型的压水堆运行工况，具体如表 2-3 所示。

表 2-3　轴对称模型的输入参数

项目	数值
线功率/(W/cm)	200
冷凝剂压强/MPa	15.5
冷凝剂温度/K	530
冷凝剂对流系数/[W/(m²·K)]	7500
燃料棒内充气体	氦气
初始内压/MPa	2.0
快中子通量/[n/(m²·s)]	9.5×10^{17}
初始燃料密度	理论值的 95%

前期的研究工作已经对所开发的燃料性能分析程序进行了验证和确认[34]，因而本节着重比较 UO_2 燃料、UO_2-BeO 三明治结构燃料、UO_2-BeO 复合燃料的性能，

并比较三种不同 BeO 体积分数的三明治结构燃料的性能。如图 2-6 所示,对比上述五种燃料的燃料和包壳在 400MW·h/kg U 燃耗时的温度分布情况,从图中可以看出,b 型三明治结构燃料的中心温度最高,复合燃料的中心温度最低。这是由于复合燃料具有最高的热导率,而对于 b 型三明治结构燃料,BeO 是填充于轴向方向,在径向方向的热传递比较少,所以在后续的工作中将不再考虑 b 型三明治结构燃料。c 型三明治结构燃料的中心温度比 a 型三明治结构燃料的更低一些,这是因为热量是从内部 BeO 填充区传递到燃料的外表面。因而 a 型、c 型三明治结构燃料以及复合燃料都能够有效降低燃料的温度。这可以从图 2-7 中更加明确地看出,a 型、c 型三明治结构燃料的外表面温度比 UO$_2$ 燃料和 UO$_2$-BeO 复合燃料的温度更高,这可能是因为更低的燃料中心温度所导致的更低的燃料与包壳之间气隙的热导率。这也可以解释 UO$_2$ 燃料具有最低的燃料外表面温度的现象。总而言之,三明治结构燃料能够有效降低燃料中心温度。

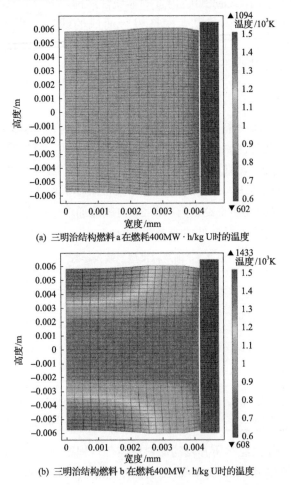

(a) 三明治结构燃料a在燃耗400MW·h/kg U时的温度

(b) 三明治结构燃料 b 在燃耗400MW·h/kg U时的温度

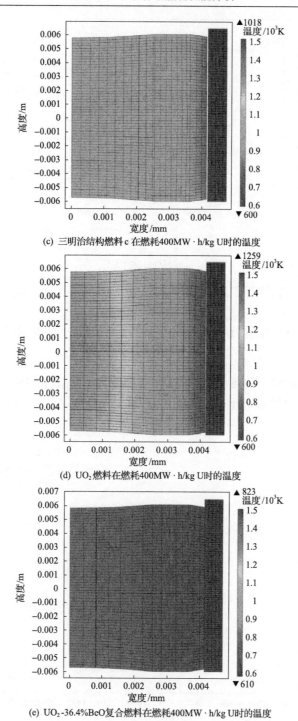

(c) 三明治结构燃料 c 在燃耗400MW·h/kg U时的温度

(d) UO₂燃料在燃耗400MW·h/kg U时的温度

(e) UO₂-36.4%BeO复合燃料在燃耗400MW·h/kg U时的温度

图 2-6 三明治结构燃料、UO₂ 燃料、复合燃料的燃料和包壳的温度分布图

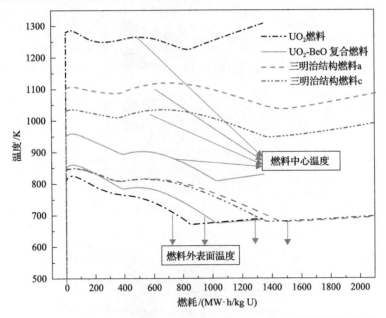

图 2-7　计算得到的 UO_2 燃料、UO_2-BeO 燃料、三明治结构燃料(a 和 c)
中心温度和燃料外表面温度

气隙在辐照过程中的变化情况如图 2-8 所示,相比 UO_2 燃料而言,a 型、c 型
三明治结构燃料的气隙闭合时间都被大幅延长,UO_2-BeO 复合燃料的气隙闭合时

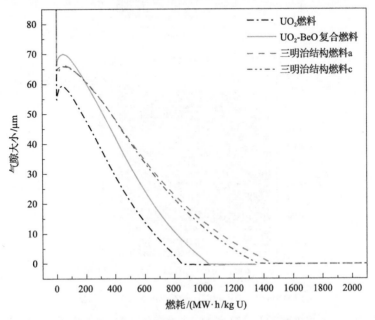

图 2-8　计算得到的不同燃料的气隙大小变化情况

间相比 UO$_2$ 燃料也被延长。因而 a 型、c 型三明治结构燃料能够有效延缓燃料
与包壳的力学相互作用，这将有效提升核反应堆的安全性。燃料的裂变气体释
放量和内压变化情况，如图 2-9 所示，可以看到 UO$_2$ 燃料释放的裂变气体量最
多，内压也最高，而 UO$_2$-BeO 复合燃料释放的裂变气体量最少。三明治结构燃
料的则介于 UO$_2$ 燃料与 UO$_2$-BeO 复合燃料之间。这主要是受燃料温度的影响，
燃料温度越高，释放的裂变气体量就越多。然而有趣的是，a 型、c 型三明治结
构燃料的内压却是所有燃料中最低的，这是由于 BeO 填充区域和 UO$_2$ 填充区域
不同的温度差异进一步导致了不同的热膨胀系数、燃料密实化、裂变气体致燃
料肿胀以及燃料的蠕变率，最终导致 a 型三明治燃料具有更大的气腔体积。与
三明治燃料相比，UO$_2$-BeO 复合燃料的较高的内压是由过早的气隙闭合时间所
导致的。

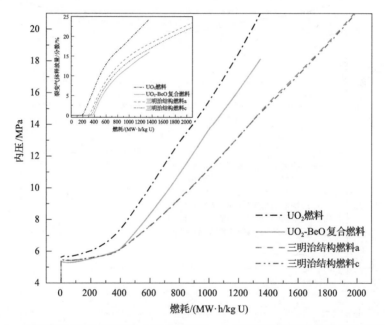

图 2-9　计算得到的不同燃料的内压变化情况，内嵌图表示相应的裂变气体变化情况

　　UO$_2$ 燃料、UO$_2$-BeO 复合燃料及 a 型和 c 型三明治结构燃料分别在 400MW·h/kg U、
800MW·h/kg U、1200MW·h/kg U 燃耗的径向及轴向位移如图 2-10 所示。从
图 2-10(a) 和 (b) 可以看到 UO$_2$ 燃料的径向位移比 UO$_2$-BeO 复合燃料的大，并且
这两种燃料形变后都呈竹节状（燃料元件的底部和顶部的径向位移比燃料元件中
部的位移大），其中 UO$_2$ 燃料的更加明显一些。而 a 型、c 型三明治结构燃料在
400MW·h/kg U 燃耗时呈竹节状，但在高燃耗时（800MW·h/kg U、1200MW·h/kg U）
呈反竹节状。这将有效降低燃料与包壳之间的应力作用。从图 2-10(c) 和 (d) 中

可以看到以上四类燃料的轴向位移的形变程度是一样的，即都是在轴向方向线性递增并且形变的数量级也是非常接近的，其中 UO_2 的轴向形变最大。

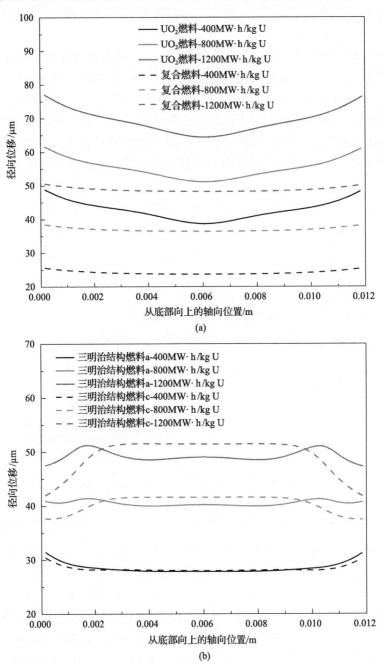

(a)

(b)

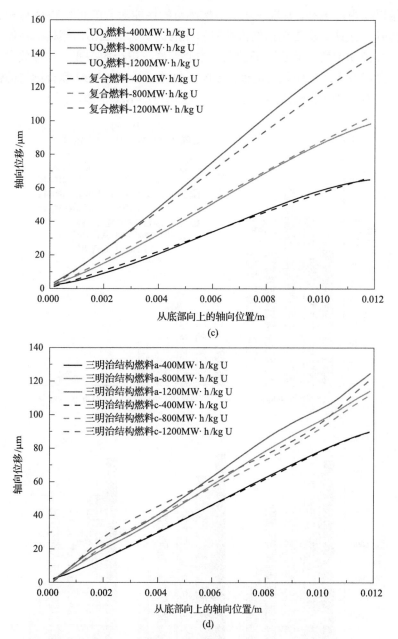

图 2-10　计算得到的 UO₂ 燃料、UO₂-36.4% BeO 复合燃料、三明治结构燃料 a 和 c 在三种不同
　　　　燃耗时的燃料外表面径向位移(a，b)及轴向位移(c，d)

另外还对比分析了含三种不同体积分数 BeO 的复合燃料及三明治燃料的性能，如图 2-11 所示，通过对比在不同燃耗下的气隙大小、燃料中心温度、裂变气

体释放量以及内压大小，发现三明治结构燃料的性能随着填充的 BeO 体积分数的增加而提升，并且 c 型三明治结构燃料的性能优于 a 型三明治燃料的性能，具体表现在 c 型三明治燃料具有更低的燃料中心温度，更少的裂变气体释放量，更低的气体压强以及更迟气隙闭合时间。如图 2-11 所示，UO₂-BeO 复合燃料的性能也随着填充的 BeO 体积分数的增加而提升。当填充的 BeO 的体积分数比较大时（如

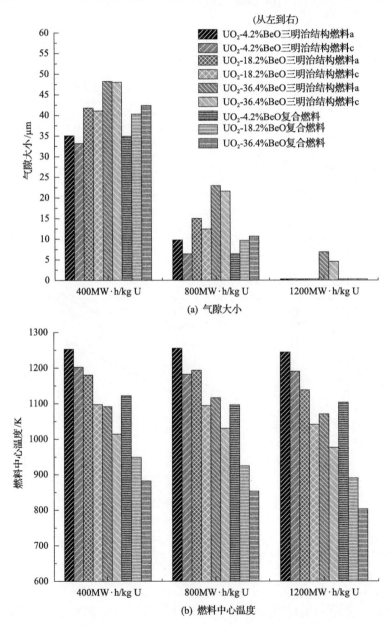

(a) 气隙大小

(b) 燃料中心温度

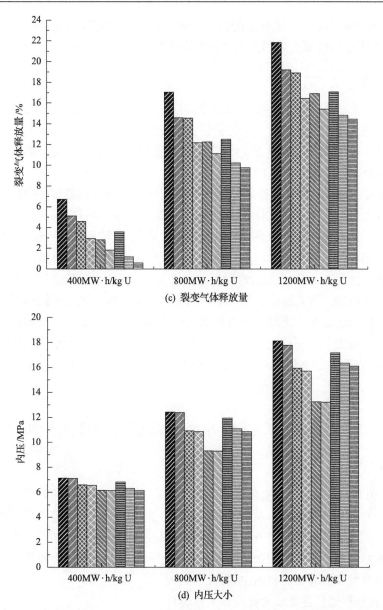

(c) 裂变气体释放量

(d) 内压大小

图 2-11　三种不同体积分数的三明治结构燃料和复合燃料在三种燃耗时的性能比较

18.2%和 36.4%），复合燃料具有较低的燃料中心温度和较少的裂变气体释放量，但气隙闭合的时间较早且低于 4.2%的情况。当填充的 BeO 的体积分数比较小时（如 4.2%），复合燃料的性能比三明治结构的燃料性能更优一些，即具有更低的燃料中心温度，较少的裂变气体释放量，较小的内压但更早的气隙闭合时间。如图 2-11（a）所示，三明治结构的燃料（除了 UO$_2$-36.4%BeO 三明治结构燃料）在高燃耗下(1200MW·h/kg U)才开始闭合，意味着通过推迟燃料与包壳的力学相互作用，相比 UO_2-BeO 复合燃料具有更好的安全性。

2.1.5　小结

本节对 UO_2 燃料、UO_2-BeO 复合燃料及三种几何设计的 UO_2-BeO 三明治结构燃料在轻水堆中性能进行了对比分析，着重分析了一种新型的三明治结构燃料元件的性能，使读者对 UO_2-BeO 三明治结构燃料及 UO_2-BeO 复合燃料在轻水堆中的性能有了一个比较全面的了解。

在模拟工作中，发现具有高热导率的 UO_2-BeO 复合燃料能够使燃料中心温度最大降低 330K(对于 36.4%体积分数的 UO_2-BeO 复合燃料)，同时还提升了气隙的热导率，从而使得裂变气体的释放量减少，内压(气隙压强)降低，使氧的重分布减缓，燃料与包壳的力学相互作用减缓，反应堆的安全性能得到提升。

但是，制备 UO_2-BeO 复合燃料是非常昂贵的，因而进一步分析三明治结构的燃料。在考虑的三种几何设计的三明治结构燃料中，BeO 填充于燃料径向方向的内环或者中间区域时，能够大幅降低燃料中心温度，通过延长气隙闭合时间缓和燃料与包壳的力学相互作用。以上的研究工作可以作为三明治结构燃料性能分析初步成果，在今后的工作中将进一步考虑更加具有物理意义的 UO_2 与 BeO 之间的界面模型。

2.2　U_3Si_2-FeCrAl 事故容错燃料的性能分析

2.2.1　引言

在 2011 年发生的日本福岛核泄漏事故之后，全球对核燃料的研发转向应用于轻水堆中的事故容错燃料，从而提升核反应堆抵御核电站停电等严重事故工况的能力[35]。美国能源部提出了开发事故容错燃料及包壳的研究计划[36]，事故容错燃料能够维持反应堆在失去有效冷却时正常运行一段时间，从而为救援争取更多时间。目前开发事故容错燃料的主要方法如下[37,38]。

(1)提升核燃料性能或者替换相关核燃料。

(2)改善锆合金的抗氧化腐蚀能力，包括在其表面镀涂层。

(3)用抗腐蚀耐高温的包壳替代锆合金包壳。

通过方法(1)和(3)，性能提升的燃料和包壳材料不仅要满足经济性要求，而且要能够在功率增加时性能有较大提升，能够达到更高的燃耗，以及具有高热导率和更好的抗腐蚀能力。在所有的候选材料当中，U_3Si_2 被报道具有一系列的优异的热物理性质，并且具有密度大、热导率高、熔点高等特点[39]。目前有

一系列的研究在对 U_3Si_2 燃料与 SiC 包壳组成的事故容错燃料系统的性能进行分析[40]，最后得到的结论是 U_3Si_2-SiC 燃料包壳系统相比 UO_2-Zir Caloy（锆锡系合金）而言，并不能提升事故容错性能。

据报道，一种名为 FeCrAl 的合金在高温蒸汽环境下具有高强度及优异的抗氧化性能[41]，但该合金同时也具有比锆合金更低的熔点以及较差的中子经济性。因而需要更薄的包壳厚度、更大的燃料半径以及更高的燃料富集度。FeCrAl 合金的大部分材料性质已由 Xu 等报道并且 FeCrAl 合金的蠕变率已通过 Halden 研究堆进行蠕变测试得到[35,42]。UO_2-FeCrAl 燃料包壳组合在反应堆中的热力学性能已通过 Bison 程序进行初步的分析，Xu 等对比了锆合金包壳与 FeCrAl 包壳在反应堆中的性能，并分别考虑及分析了 FeCrAl 在反应堆中没有发生蠕变以及发生了与锆合金相同的蠕变的情况[35]。接着 Galloway 和 Unal 研究了不同厚度的 FeCrAl 合金在一个美国的商业压水堆中的力学性能，并发现在 FeCrAl 合金中具有比锆合金更大的应力[43]。最近 Sweet 等也报道了 FeCrAl 合金相比锆合金具有更大的应力[44]。接着 Gamble 等采用了最近报道的 FeCrAl 合金蠕变模型，并对比分析了 UO_2-Zir Caloy（锆锡系合金）组合和 UO_2-FeCrAl 组合分别在反应堆正常运行工况及失水事故工况下的性能[45]，发现 FeCrAl 合金能够有效延长气隙闭合时间，并推断这主要是因为相比锆合金而言，FeCrAl 合金具有更低的蠕变率以及更大的热膨胀系数。

近年来，Chen 等报道了 U_3Si_2-FeCrAl 燃料包壳组合具有比 UO_2-FeCrAl 燃料包壳组合更好的中子经济性能，并且这一燃料包壳组合可以容许 U_3Si_2 燃料设置更低的铀富集度以及容许 FeCrAl 包壳设置更厚的包壳厚度[46]。Nelson 等也报道了 U_3Si_2-FeCrAl 燃料包壳系统中的 FeCrAl 包壳能够提升抗氧化及抗氢化能力[47]。接着 Hoggan 等研究了 U_3Si_2-FeCrAl 燃料包壳系统的相互扩散行为，发现在正常运行工况下 U_3Si_2 燃料与 FeCrAl 包壳之间没有明显的相互作用[48]。然而，目前对 U_3Si_2-FeCrAl 燃料包壳组合在反应堆中的性能分析报道较少，基于 Xu 等对 UO_2-FeCrAl 燃料包壳系统的性能分析[35]，以及 Chen 等对 U_3Si_2-FeCrAl 燃料包壳组合的中子性能分析[46]，将对 U_3Si_2-FeCrAl 燃料包壳组合在反应堆正常运行工况下的性能进行分析，并与 UO_2-Zircaloy、UO_2-FeCrAl 以及 U_3Si_2-Zircaloy 的燃料包壳组合的性能进行对比分析。最后将对 FeCrAl 包壳的厚度以及 UO_2 燃料、U_3Si_2 燃料的相关参数进行敏感性分析。

2.2.2　材料性质

UO_2 燃料和锆合金包壳的材料性质与之前的研究工作一致[14,34]，因而将着重介绍 U_3Si_2 燃料、FeCrAl 包壳的材料性质。

1. 热导率

U₃Si₂ 燃料的热导率通过基于实验测量的数据进行线性拟合得到[48]，其随温度变化的表达式为

$$k_{\mathrm{U_3Si_2}} = 7.98 + 0.0051 \times (T - 273.15) \tag{2-33}$$

其中，T 为温度，上式适用的温度范围为从室温到 1473.15K。U₃Si₂ 燃料热导率与 UO₂ 燃料热导率的对比如图 2-12 所示，当温度高于 360K 时，U₃Si₂ 燃料的热导率高于 UO₂ 燃料的热导率，并且其热导率随着温度的升高而升高，而 UO₂ 燃料的热导率则是随温度的升高而降低。

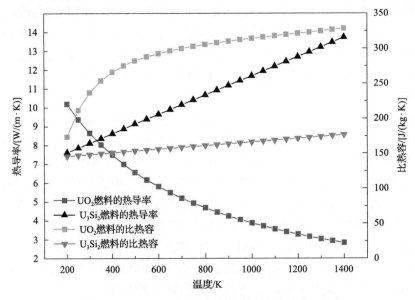

图 2-12　UO₂ 燃料、U₃Si₂ 燃料的热导率和比定压热容

2. 比定压热容

U₃Si₂ 燃料的比定压热容由实验测量得到[48,49]，并且与温度有关：

$$C_{p,\,\mathrm{U_3Si_2}} = 140.5 + 0.02582 \times T \tag{2-34}$$

U₃Si₂ 燃料的比定压热容与 UO₂ 燃料的比定压热容的对比如图 2-12 所示，U₃Si₂ 燃料的比定压热容比 UO₂ 燃料的比定压热容低很多，并且都随温度的升高而升高。

3. 密度

U₃Si₂ 燃料的密度被报道为 12.2g/cm³，UO₂ 燃料的密度由 Fink 报道推荐为

$10.97g/cm^{3[16]}$，因而 U_3Si_2 燃料的密度稍高于 UO_2 燃料的密度。

4. 热膨胀系数

U_3Si_2 燃料的热膨胀系数由 Shimizu 报道为 $15.0 \times 10^{-6}K^{-1[48]}$，适用的温度范围为 $298.15 \sim 1473.15K$，这一热膨胀系数比 UO_2 的热膨胀系数（$10.5 \times 10^{-6}K^{-1}$）稍微大一些。

5. 肿胀应变

由于对 U_3Si_2 燃料的测量数据有限，采用 Finlay 等通过少量的辐射实验而报道的 U_3Si_2 燃料的经验肿胀应变[50]，其肿胀应变随燃耗变化的规律为

$$d(V/V_0)/dBu = 7.76016 \cdot Bu + 0.79811 \tag{2-35}$$

其中，Bu 为瞬时燃耗；V/V_0 为 U_3Si_2 燃料的肿胀应变。

6. 密实化应变

与 Metzger 的研究一致[40]，也将 U_3Si_2 燃料密实化应变等同于 UO_2 燃料的，其密实化应变为由 Rashid 等给出的 ESCORE 经验模型[51]确定：

$$\varepsilon_D = \Delta\rho_0 \left[\exp\frac{Bu\ln(0.01)}{C_D Bu_D} - 1 \right] \tag{2-36}$$

其中，ε_D 为密实化应变；$\Delta\rho_0$ 为总的可能发生的密度变化量；Bu_D 为密实化完成时的燃耗。当温度低于 $1023.15K$ 时，$C_D = 7.2 - 0.0086(T-25)$，当温度高于 $1023.15K$ 时，C_D 为 1。

7. 泊松比

根据 Taylor 等的断裂实验，U_3Si_2 燃料的泊松比为 $0.177^{[52]}$。

8. 杨氏模量

与 Metzger 的研究一致[40]，U_3Si_2 燃料的杨氏模量为 120GPa，远远低于 UO_2 燃料的杨氏模量。

9. 蠕变机制

U_3Si_2 燃料的蠕变机制包含两大类：非热辐照诱导蠕变以及热蠕变[40]，这两种类型的蠕变的切换温度为 $0.45T_{melt}$，即 872K。当温度低于 872K 时，主要为非热辐照诱导蠕变，主要是由于辐照导致了点缺陷的产生，从而增强了扩散过程。当

温度高于 872K 时，蠕变主要受热激发并主要为 Coble 蠕变和错位蠕变。这两种蠕变是否占主导地位是由燃料中相对于剪切模量的应力决定的，即 σ / G，当相对应力小于 10^{-4} 时，则 Coble 蠕变占主导地位，当相对应力大于 10^{-4} 时，则错位蠕变占主导地位。

1) 非热辐照诱导蠕变

由于缺乏辐照数据，非热辐照诱导蠕变可以由 Nabarro-Herring 晶格蠕变机制来决定，其应变率为

$$\dot{\varepsilon}_{\mathrm{NH}} = \frac{A_{\mathrm{NH}} D_{\mathrm{L}} b^3 \sigma}{kTd^2} \qquad (2\text{-}37)$$

其中，A_{NH} 为材料常数；D_{L} 为晶格扩散相关系数；b 为伯格斯矢量；σ 为应力；k 为玻尔兹曼常数；T 为温度；d 为平均晶粒大小。Weaver 给出了 A_{NH} 的值为 12.5[53]，D_{L} 由 Metzger 给出[40]：

$$D_{\mathrm{L}} = 5.26 \times 10 - 11 \mathrm{e}^{-\frac{2.28 \times 10^{-19}}{R \times 872}} \qquad (2\text{-}38)$$

而伯格斯矢量 b 的大小则为 U$_3$Si$_2$ 平均晶格常数，即 0.56nm，平均晶粒大小则为 20μm。

2) Coble 蠕变

Coble 蠕变由晶界扩散规律决定，在 U$_3$Si$_2$ 燃料的热蠕变范围及较低的相对应力情况下占主导作用，其应变率为

$$\dot{\varepsilon}_{\mathrm{Co}} = \frac{A_{\mathrm{Co}} D_{\mathrm{gb}} b^4 \sigma}{kTd^3} \qquad (2\text{-}39)$$

其中，A_{Co} 为 Coble 蠕变常数[53]；b 和 d 的取值与非热辐照诱导蠕变模型中的取值一致；D_{gb} 为 U$_3$Si$_2$ 晶界扩散相关系数，具体由以下公式给出：

$$D_{\mathrm{gb}} = D_{0\mathrm{gb}} \mathrm{e}^{-Q_{\mathrm{gb}}/RT} \qquad (2\text{-}40)$$

其中，$D_{0\mathrm{gb}}$ 为 $2.365 \times 10^3 \mathrm{m}^2/\mathrm{s}$；$Q_{\mathrm{gb}}$ 为扩散过程的活化能，为 $9.97 \times 10^{-19} \mathrm{J}$[41]。

3) 错位蠕变

错位蠕变由材料中的错位扩散决定，当 U$_3$Si$_2$ 燃料在热蠕变温度范围（高于 $0.45 T_{\mathrm{melt}}$）以及一个较高的相对应力条件下（大于 10^{-4}），其应变率由 Hertzberg 给出[54]：

$$\dot{\varepsilon}_{\mathrm{Dis}} = \frac{A_{\mathrm{Dis}} D_{\mathrm{L}} b\sigma^5}{kTd^4} \tag{2-41}$$

其中，A_{Dis} 为错位材料常数，Weaver 给出的值为 6×10^7；b 和 d 的取值与非热辐照诱导蠕变模型中的取值一致；D_{L} 为晶格扩散相关系数[53]，由以下公式给出：

$$D_{\mathrm{L}} = D_{0\mathrm{L}} e^{-Q_{\mathrm{L}}/RT} \tag{2-42}$$

其中，$D_{0\mathrm{L}}$ 为 $6.86\times10^{24}\mathrm{m}^2/\mathrm{s}$；$Q_{\mathrm{L}}$ 为晶格扩散的活化能，为 $2\times10^{-18}\mathrm{J}$ [40]。

2.2.3　模型构建

1. 几何模型

采用二维轴对称的几何模型，如图 2-13(a)所示，采用周期性边界条件来代表数个燃料元件，图 2-13(b)所示是计算的映射网格。基于 Chen 和 Xu 等的中子计算分析，FeCrAl 包壳的厚度确定为 450μm 以保证与锆合金相同的燃料富集度，减小的包壳厚度所留出来的空间则通过增大燃料半径来保证相同的燃料棒直径。表 2-4 汇总了具体的几何模型参数，另外作为对比，还考虑了 350μm 厚度的 FeCrAl 合金。

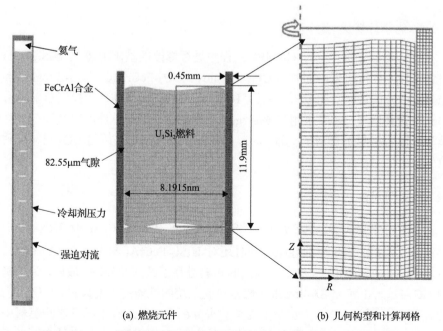

(a) 燃烧元件　　　　　　　　　　　　(b) 几何构型和计算网格

图 2-13　U_3Si_2 燃料计算的几何构型和网格及二维轴对称几何模型和网格

表 2-4　模型设定细节

性质	数值	
	锆包壳	FeCrAl 包壳
有效燃料元件高度/cm	11.90	
燃料元件半径/mm	4.09575	4.21725
气隙厚度/μm	82.55	
包壳内径/mm	8.3566	8.5996
包壳厚度/μm	571.5	450
包壳外径/mm	9.4996	
气腔与燃料高度比值	0.045	
燃料富集度	4.9%	
初始燃料密度	理论值的 95%	
线功率/(W/cm)	200	
快中子通量/[n/(m^2·s)]	9.5×10^{17}	
冷凝剂压力/MPa	15.5	
冷凝剂温度/K	530	
初始氦气压强/MPa	2.0	

2. 性能分析模型

本节是在对前期开发的 CAMPUS 程序进行修改的基础上建立 U$_3$Si$_2$-FeCrAl 燃料包壳性能分析模型，同时与 UO$_2$-Zircaloy、UO$_2$-FeCrAl、U$_3$Si$_2$-Zircaloy 燃料包壳系统的性能进行对比分析。由于 U$_3$Si$_2$ 燃料的裂变气体释放模型目前没有实验数据及相关模型，本节采用与 Metzger 等[40]一致的处理方法，即其裂变气体释放模型近似为与 UO$_2$ 燃料的一致，同时晶粒的生长模型也采用与 UO$_2$ 燃料一致的晶粒生长模型。

2.2.4　结果与讨论

本小节将介绍 U$_3$Si$_2$-FeCrAl、U$_3$Si$_2$-Zircaloy、UO$_2$-FeCrAl 及 UO$_2$-Zircaloy 燃料包壳系统在轻水堆中的性能，同时还对 U$_3$Si$_2$-FeCrAl 与 UO$_2$-FeCrAl 燃料包壳系统中 FeCrAl 包壳厚度对燃料性能的影响进行了敏感性分析。最后，为了确定影响 UO$_2$-FeCrAl 和 U$_3$Si$_2$-Zircaloy 燃料包壳系统的性能的主要因素，基于 Prudil 等的研究工作[55,56]，选定了 6 个主要参数来分析在正常运行工况下影响燃料中心温度、包壳应力、裂变气体释放量及内压的主要影响因素。在包壳外表面考虑一个均匀对流边界条件来模拟包壳外流动的冷却剂的传热过程。燃料元件中的线功率设定为在前 3h 内线性递增然后在 3.8a 内保持不变。采用一种典型的压水堆运行工况，具体如表 2-4 所示。表 2-5 列出了在主要影响因素分析时相关输入参数的最大值、最小值、中间值及平均值。

表 2-5　主要影响因子分析的输入参数(包括最大值、最小值、中间值和平均值)

参数	最小值	最小值与平均值的中间值	平均值	平均值与最大值的中间值	最大值
裂变气体扩散系数因子	0.5	0.875	1.25	1.625	2.0
热导率因子	0.8	0.9	1.0	1.1	1.2
气体肿胀因子	0.8	0.9	1.0	1.1	1.2
热膨胀因子	0.8	0.9	1.0	1.1	1.2
热蠕变因子	0.6	0.8	1.0	1.2	1.4
杨氏模量因子	0.6	0.8	1.0	1.2	1.4

　　图 2-14 展示的是四种燃料包壳组合的温度变化过程，从图中可以看出，所有的燃料中心温度及燃料外表面温度在气隙闭合前先降低，然后在气隙闭合后持续升高，并且 FeCrAl 包壳的内表面温度基本保持不变，而锆合金包壳内表面温度有小幅度升高，这主要是由于锆合金的腐蚀导致了其比 FeCrAl 合金具有更多的热量释放。从图 2-14 可以看出，UO_2-FeCrAl 燃料包壳系统的燃料中心及外表面温度比 UO_2-Zircaloy 燃料包壳系统的高了大约 10K，并且随着 UO_2-Zircaloy 燃料包壳系统的燃耗的变化而变化。由于 U_3Si_2 燃料的热导率较高，U_3Si_2-Zircaloy 燃料包壳系统的燃料中心温度降低了大约 320~500K(具体取决于不同的燃耗)，并且发

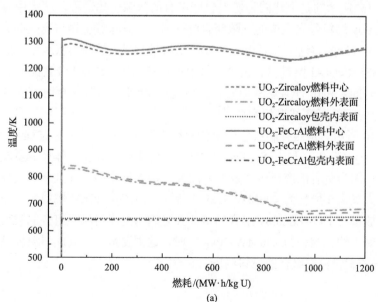

(a)

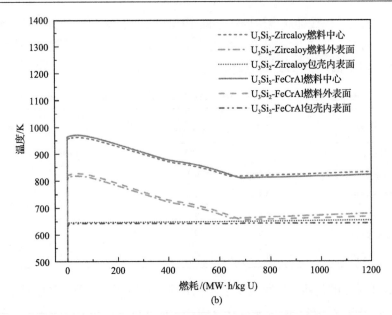

图 2-14　考虑的四种燃料包壳组合的燃料中心温度、燃料外表面温度以及包壳内表面温度

(a) UO$_2$-Zircaloy 和 UO$_2$-FeCrAl 组合；　(b) U$_3$Si$_2$-Zircaloy 和 U$_3$Si$_2$-FeCrAl 组合

现在低燃耗时其燃料外表面温度略高于 UO$_2$-Zircaloy 燃料包壳系统的，如图 2-14 所示。此外，U$_3$Si$_2$-Zircaloy 燃料包壳系统的燃料中心及外表面温度具有更大的下降幅度。在气隙闭合之前，U$_3$Si$_2$-FeCrAl 燃料包壳系统的燃料中心及外表面温度均略高于 U$_3$Si$_2$-Zircaloy 系统的，并且也表现出滞后的温度变化过程。

　　图 2-15 所示的是上述四种燃料包壳组合的气隙变化过程，从图中可以看出 U$_3$Si$_2$-Zircaloy 燃料包壳系统的气隙闭合时间最早，意味着燃料与包壳的力学相互作用是最先开始的。这主要是由于 U$_3$Si$_2$ 燃料具有很大的热膨胀系数。紧接着闭合的是 U$_3$Si$_2$-FeCrAl 燃料包壳组合，从中可以推断出 FeCrAl 合金能够有效延长气隙闭合时间。相比 UO$_2$ 燃料而言，U$_3$Si$_2$ 燃料会使得气隙闭合时间提前，这与 Gamble 等的研究工作结果相吻合[16]。

　　图 2-16 所示的是四种燃料包壳组合的裂变气体释放量的变化过程，从图中可以看出 U$_3$Si$_2$-Zircaloy 与 U$_3$Si$_2$-FeCrAl 燃料包壳组合的裂变气体释放量没太大差别，主要是因为两者的燃料中心及外表面温度基本没差别，并且裂变气体开始释放的时间大概是在燃耗为 400MW·h/kg U 时。而 UO$_2$-FeCrAl 燃料包壳组合的裂变气体释放量比 UO$_2$-Zircaloy 组合的多，并且这两组燃料包壳组合的裂变气体开始释放时间大约在燃耗为 200MW·h/kg U 时，这主要是因为其燃料温度高于含有 U$_3$Si$_2$ 燃料的燃料包壳组合的燃料温度。

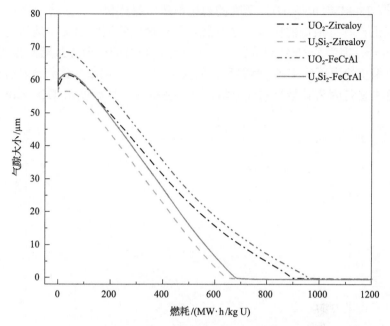

图 2-15　考虑的四种燃料包壳组合的气隙变化情况

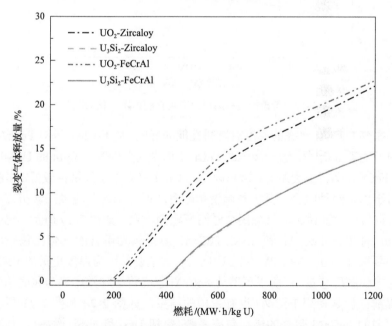

图 2-16　考虑的四种燃料包壳组合的裂变气体释放量变化情况

图 2-17 对比了四种燃料包壳组合的内压变化情况，可以看出，在较早的燃耗

阶段(大概 250MW·h/kg U)，所有的内压都基本保持相同。接着 U_3Si_2-Zircaloy 燃料包壳组合具有最低的内压，主要是其具有最低的燃料温度，然后是 U_3Si_2-FeCrAl 组合，因为 FeCrAl 包壳能够延迟气隙闭合时间进而导致燃料温度升高。UO_2 燃料系统的内压比 U_3Si_2 燃料系统的大，并且 UO_2-FeCrAl 组合具有最高的内压，这主要是因为其最早的气隙闭合时间使得其燃料温度比 UO_2-Zircaloy 系统的更高。

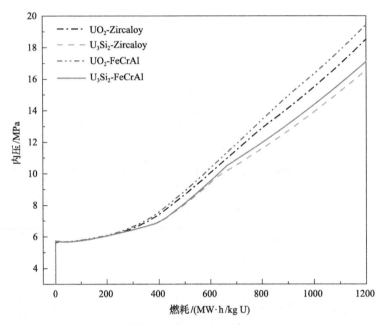

图 2-17　考虑的四种燃料包壳组合的内压变化情况

为了探究 FeCrAl 包壳的厚度对燃料性能的影响,基于 Chen 等对 FeCrAl 包壳材料的中子物理分析[16],进一步考虑 FeCrAl 包壳的厚度为 350μm 的 UO_2-FeCrAl 和 U_3Si_2-FeCrAl 燃料包壳组合,这是因为 FeCrAl 包壳中子经济性较好。如图 2-18 所示，对于以上两种组合，其燃料温度都略有降低，同时其温度的转折点都有所提前，这也与后面要讨论的气隙闭合时间变化相一致。如图 2-19 所示，包壳厚度为 350μm 的 UO_2-FeCrAl 和 U_3Si_2-FeCrAl 燃料包壳组合的气隙比包壳厚度为 450μm 的要提前 150~200MW·h/kg U 闭合，这主要是因为厚度更薄的 FeCrAl 包壳产生的热膨胀位移更小，所以更薄的 FeCrAl 包壳将会导致燃料与包壳的力学相互作用提前。但是使用 FeCrAl 也有积极的结果，如图 2-20 和图 2-21 所示，对于应用更薄的 FeCrAl 包壳的燃料包壳系统(包括 UO_2 和 U_3Si_2 燃料)，其具有更少的裂变气体释放量以及更低的内压。U_3Si_2 燃料的裂变气体释放量不仅比 UO_2 燃料的更少，而且释放的时间也更晚，这主要是因为 U_3Si_2 燃料温度远远低于

UO$_2$ 燃料温度。总而言之，U$_3$Si$_2$ 燃料的裂变气体释放量及内压都比 UO$_2$ 燃料的小很多。

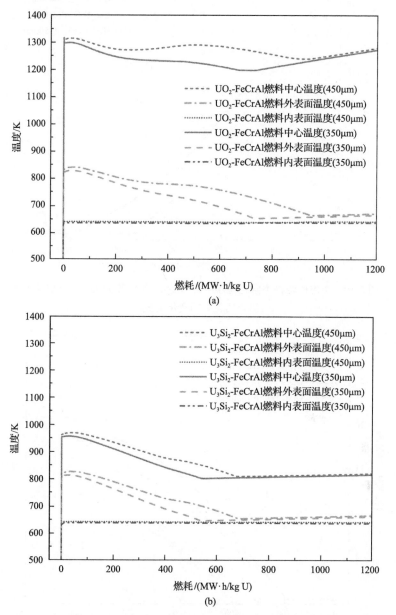

图 2-18　考虑的两种燃料包壳组合的燃料中心温度、燃料外表面温度以及两种厚度下的包壳内表面温度
(a) UO$_2$-FeCrAl；　(b) U$_3$Si$_2$-FeCrAl

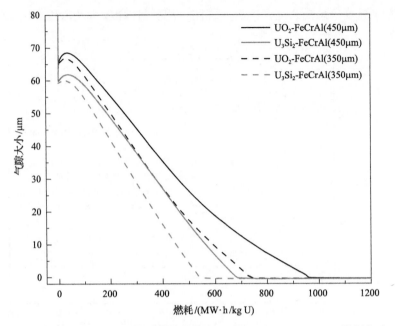

图 2-19　考虑的两种不同包壳厚度的 UO_2-FeCrAl 和 U_3Si_2-FeCrAl 燃料包壳
组合的气隙的变化情况

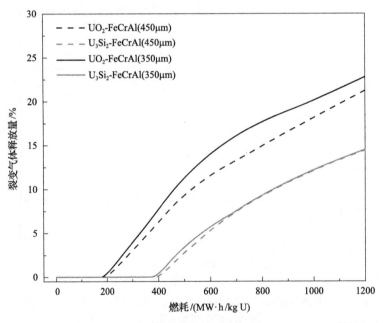

图 2-20　考虑的两种不同包壳厚度的 UO_2-FeCrAl 和 U_3Si_2-FeCrAl 燃料包壳
组合的裂变气体释放量的变化情况

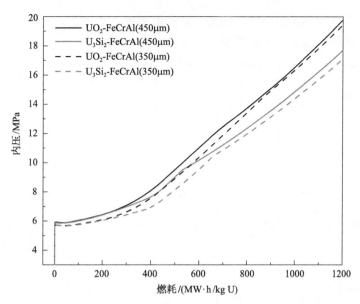

图 2-21　考虑的两种不同包壳厚度的 UO_2-FeCrAl 和 U_3Si_2-FeCrAl 燃料包壳
组合的内压的变化情况

选取六个输入参数来探究输入参数对燃料在反应堆中的性能的主要影响因素，基于 Prudil 等的前期工作[55,56]，表 2-5 汇总了考虑的六个输入参数的缩放系数。图 2-22 对比了输入参数对燃料中心平均温度、裂变气体释放量、内压以及包壳平均环向应力的影响。从图 2-22(a)可以看出，热导率对燃料中心平均温度的影响最大，杨氏模量也较大。其次是裂变气体扩散系数及 UO_2 燃料的热膨胀系数。从图 2-22(b)和(c)中可以看出，裂变气体扩散系数主要影响裂变气体释放量及内压的大小，其次则是热导率以及热膨胀系数。图 2-22(d)则显示平均环向应力主要受裂变气体扩散系数以及热导率影响，其次是杨氏模量和热膨胀系数。裂变气体扩散系数越大，裂变气体释放量和内压就越大，从而导致应力越大。裂变气体肿胀率和热蠕变对平均环向应力影响不大。如图 2-23(a)所示，对于 U_3Si_2-Zircaloy 系统，热导率、杨氏模量及热膨胀系数对燃料中心平均温度有很大的影响，然后是裂变气体肿胀率、热蠕变及裂变气体扩散系数。但热导率的变化对裂变气体的释放量及内压的影响几乎没有，这主要是因为 U_3Si_2 燃料的热导率较高。从图 2-23(b)和(c)可以看出，只有裂变气体扩散系数对裂变气体的释放和内压影响较大。如图 2-23(d)所示，杨氏模量、热导率以及热膨胀系数对包壳平均环向应力有较大影响，然后是裂变气体扩散系数、裂变气体肿胀率及热蠕变。最后，分析 UO_2-FeCrAl 和 U_3Si_2-Zircaloy 两组燃料包壳组合的性能的主要影响因素，从图 2-24 中可以看出影响 UO_2-FeCrAl 燃料包壳组合的性能的参数顺序为裂变气体扩散系数、热导率、热膨胀系数、杨氏模量、热蠕变以及裂变气体肿胀率，而对于 U_3Si_2-Zircaloy

系统，影响其性能的参数顺序为裂变气体扩散系数、热导率、杨氏模量、裂变气体肿胀率、热膨胀系数以及热蠕变。

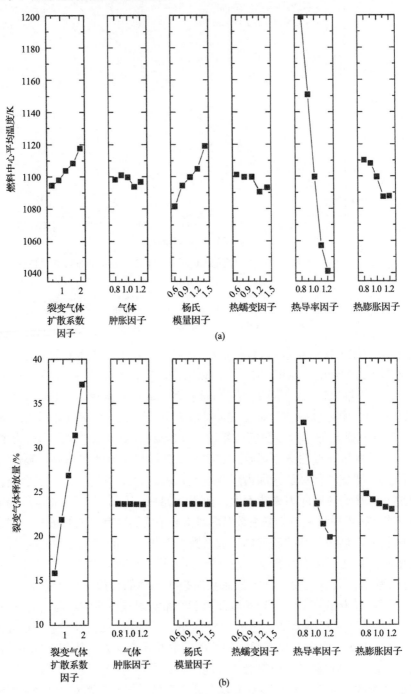

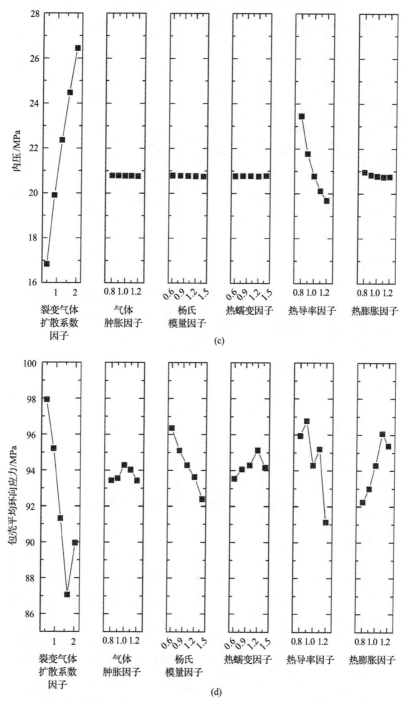

图 2-22　UO$_2$-FeCrAl 燃料包壳组合在正常运行工况下的主要影响因子分析

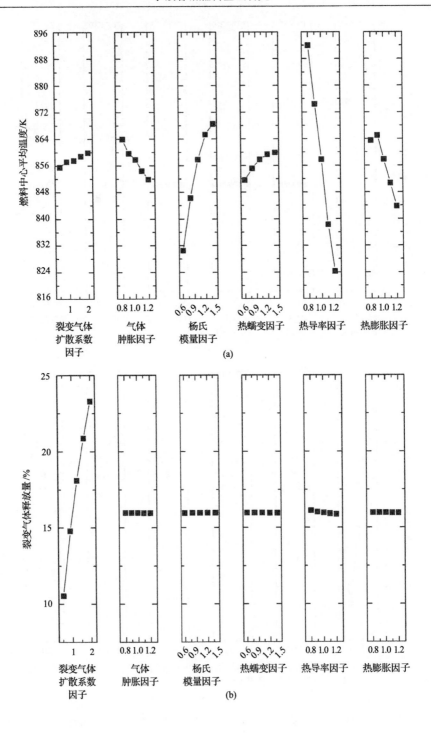

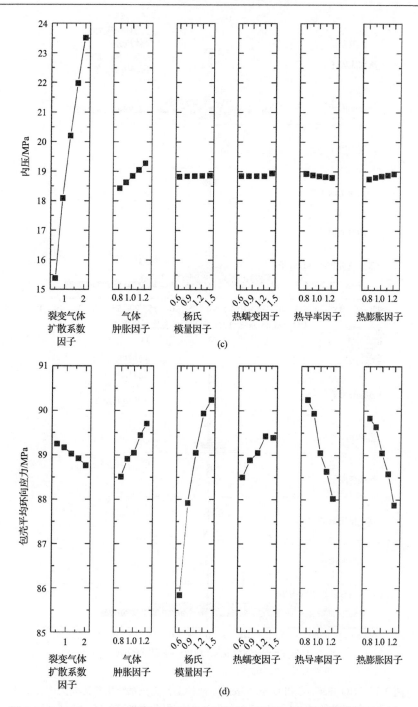

图 2-23　U_3Si_2-Zircaloy 燃料包壳组合在正常运行工况下的主要影响因子分析

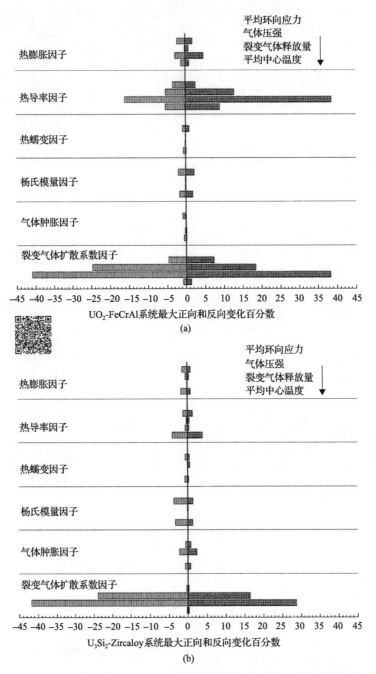

图 2-24 UO$_2$-FeCrAl 和 U$_3$Si$_2$-Zircaloy 两种燃料包壳系统主要影响因子分析的
最大正向(红色方柱)和反向变化百分比(绿色方柱)(彩图扫二维码)

2.2.5　小结

本节探究了事故容错燃料 U_3Si_2-FeCrAl 燃料包壳系统在轻水堆正常运行工况下的性能，同时对燃料相关输入参数及 FeCrAl 包壳的厚度进行了敏感性分析。U_3Si_2 燃料被报道具有一系列优异的热物理性质，因而被视为一种事故容错燃料，并且 FeCrAl 包壳具有很强的抗氧化能力。基于对 U_3Si_2-FeCrAl、U_3Si_2-Zircaloy、UO_2-FeCrAl 及 UO_2-Zircaloy 四组燃料包壳组合系统的研究，结论如下。

(1) 由于 U_3Si_2 燃料的高热导率，其燃料中心温度有大幅降低(大约为 350K)。

(2) 相比锆合金，FeCrAl 包壳能够有效延长气隙闭合时间，这是由于 FeCrAl 包壳具有较大的热膨胀系数及较低的蠕变率。

(3) FeCrAl 包壳的厚度对燃料温度和气隙闭合时间有很大的影响。在相同的燃料富集度下，更薄的 FeCrAl 包壳能够降低燃料中心温度、裂变气体释放量及内压，但是同时也会导致气隙闭合时间大幅提前，进而使燃料与包壳的力学相互作用时间提前。

(4) 由于 U_3Si_2 燃料的热导率非常高，因而热导率在 UO_2-FeCrAl 系统中比在 U_3Si_2-Zircaloy 系统中更加敏感。相比 UO_2-FeCrAl 系统，裂变气体扩散系数几乎对 U_3Si_2-Zircaloy 系统的燃料中心平均温度和环向应力影响不大；相比 U_3Si_2-Zircaloy 系统，热膨胀系数对 UO_2-FeCrAl 系统的性能影响作用更大，而热蠕变则对以上两种系统影响都不大。

研究结果表明，U_3Si_2-FeCrAl 燃料包壳组合能够通过降低燃料中心温度，延迟气隙闭合时间(燃料与包壳力学相互作用)。但目前 U_3Si_2 燃料的蠕变模型、裂变气体释放模型，以及肿胀模型都只是初步假设与 UO_2 燃料一致，在今后的研究中需要考虑更加准确的模型，以及分析 U_3Si_2-FeCrAl 燃料包壳组合在事故工况下的性能。

2.3　钍基混合氧化物燃料与 SiC 包壳在轻水堆中的性能分析

2.3.1　引言

近年来，钍基混合氧化物燃料应用于压水堆受到持续关注，因而进行了多项应用在轻水堆中的燃料性能研究[57,59]。钍基混合氧化物燃料具有很多优于二氧化铀的性质，如更高的裂变因子、更少的锕系裂变产物，以及更好的化学稳定性[60,61]，并且钍在地壳中的含量是铀的 3 倍。在核燃料循环过程中，钍的利用有多种方式，包括应用于不同类型的反应堆，如轻水堆、超临界水堆及高温气冷堆。其中 $(Th,Pu)O_2$ 燃料已经证实可直接应用于压水堆[62]，并且 Björk 等已经证实了 $(Th,Pu)O_2$ 燃料能够有效降低燃料中心温度[58]，Tucker 等也从中子的角度进一步探究了钍基燃料应用于压水堆中的可行性[60]。Long 先前通过 FRAPCON 程序分析了钍铀、钍钚混合氧化物燃料在反应堆正常运行及假想事故工况下的热力学及化学性能[57]，从安全角度来看，钍铀混合氧化物燃料的性能与 UO₂ 燃料的性能相当甚至更优，因而其安全裕度也与 UO₂ 燃料的相当甚至更优。Sukjai 基于FRAPCON 3.4-MIT 程序对钍钚混合氧化物燃料与 SiC 包壳组成的系统的性能进行分析[62]，Björk 等研究了钍基燃料在测试辐照条件下的热力学性能，并且初步的模拟结果与辐照实验数据较吻合[58]。Belle 等汇总了钍铀和钍钚混合氧化物燃料的热力学性质的数据，并且通过开发的 MPM-FAST 程序对上述燃料应用于超临界水堆的性能进行了分析，分析结果与实验辐照数据较吻合[63]。

目前，碳化硅被视为一种可替代锆合金的事故容错包壳材料，因为其相比锆合金而言，具有更高的熔点、强度、化学稳定性，更小的热中子俘获截面和比锆合金低 4 个数量级的腐蚀率，这使碳化硅具有较好的经济性以及有可能使反应堆达到更高的燃耗[64]。但是，碳化硅作为一种较脆的陶瓷材料，具有很大的失效可能性。这就需要 SiC/SiC 复合材料提供强大的拉伸强度以及缓和严重的裂纹扩展。目前有很多由碳化硅单体及 SiC/SiC 复合材料组成的事故容错包壳应用于压水堆包壳[65,66]，尽管 SiC/SiC 复合材料提升了机械强度，但其具有较大的孔隙度并且不能防止有辐射性的裂变气体的释放及水的注入，另外其也会与冷却水发生化学反应。因而 SiC/SiC 复合材料也不能单独作为包壳材料。基于 Lee 等提出的由碳化硅单体及碳化硅复合材料组成的具有多层结构包壳模型(具有两层及三层结构的碳化硅包壳)[67]，其中内层由 SiC/SiC 复合材料、外层由碳化硅单体组成的双层结构的包壳相比三层结构的包壳能够大幅降低包壳的失效概率[68]。这是因为外层的碳化硅单体能够保证密封性并具有较强的抗腐蚀能力，这一双层结构的碳化硅包壳被视为具有很好应用前景的事故容错燃料。Stone 等进一步地优化了两种不同的碳化硅单体及复合材料层的厚度设计(分别为内层碳化硅复合材料厚 750μm，外层碳化硅单体厚 250μm，以及内外层厚度分别为 600μm 和 400μm)，并分别分析了层内的应力分布情况[69]。Freeman 则分析了内外层厚度均为 400μm 的双层结构包壳性能[70]，并且 Li 等进一步分析了 UO₂ 燃料与双层结构的碳化硅包壳组成的燃料系统在压水堆正常运行工况下的性能[71]，同时也分析了碳化硅层厚度对燃料性能的影响。

目前，钍基燃料与具有双层结构的碳化硅包壳组成的燃料系统的性能鲜有报道，基于上述 Li 等对由 UO₂ 与双层结构的碳化硅包壳组成的燃料包壳系统性能的研究以及 Freeman 对由 U₃Si₂ 与双层结构的碳化硅包壳组成的燃料包壳系统性能的研究[70]，本节研究了钍基混合氧化物燃料与双层结构的碳化硅包壳组成的燃料包壳系统在轻水堆正常运行工况下的性能，同时与由钍基混合氧化物燃料和锆合金组成的燃料包壳系统的性能进行了对比。

2.3.2 材料性质

对于 UO_2 燃料及锆合金包壳的材料性质，采用与之前的研究工作一致的数据[34]，下面将重点介绍钍铀、钍钚混合氧化物燃料、单体碳化硅及碳化硅复合材料的热力学性质。

1. 钍铀燃料与钍钚燃料

1) 热导率

采用与 Long 的研究一致的热导率模拟方法来考虑辐照效应对钍铀燃料热导率的影响[57]，其热导率为

$$k_{(Th,U)O_2} = k_{0,Belle} \cdot f_d \cdot f_p \cdot f_{por} \cdot f_r \tag{2-43}$$

其中的影响因子与 UO_2-BeO 复合燃料的一致，$k_{0,Belle}$ 则由以下计算公式给出[64]：

$$k_{0,Belle} = \frac{1}{A_1 + B_1 T} \tag{2-44}$$

$$A_1 = \frac{1}{46.948 - 11.072 M_{UO_2}} \tag{2-45}$$

$$B_1 = 1.597 \times 10^{-4} + 6.736 \times 10^{-4} M_{UO_2} - 2.155 \times 10^{-3} M_{UO_2}^2 \tag{2-46}$$

其中，M_{UO_2} 为 UO_2 在 $(Th,U)O_2$ 燃料中的摩尔分数，其范围为 0%～30%，式(2-44)适用温度低于 2200K 的条件。对于钍钚燃料也是用同样的方法考虑辐照对其热导率的影响，即

$$k_{(Th,Pu)O_2} = k_{0,Cozzo} \cdot f_d \cdot f_p \cdot f_{por} \cdot f_r \tag{2-47}$$

其中，$k_{0,Cozzo}$ 为由 Cozzo 等给出的未发生辐照情况下孔隙度为 5%的 $(Th,Pu)O_2$ 燃料的热导率[72]，具体为

$$k_{0,Cozzo} = \frac{1}{A_2 + B_2 T} \tag{2-48}$$

$$A_2 = 0.006071 + 0.572 W_{PuO_2} - 0.5937 W_{PuO_2} \tag{2-49}$$

$$B_2 = 0.00024 \tag{2-50}$$

其中，W_{PuO_2} 为 PuO_2 在 $(Th, Pu)O_2$ 燃料中的质量分数。图 2-25 所示的是未发生辐照情况下 $(Th,U)O_2$ 燃料和 $(Th,Pu)O_2$ 燃料热导率的对比情况，为方便对比，图中还附加了 UO_2、PuO_2 及 ThO_2 燃料的热导率[15,24,73]。

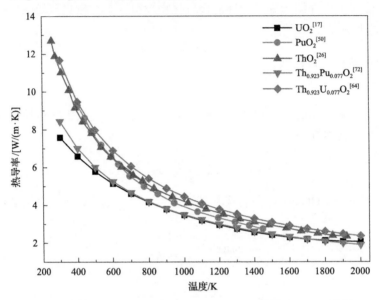

图 2-25　未发生辐照下 $Th_{0.923}U_{0.077}O_2$ 燃料、$Th_{0.923}Pu_{0.077}O_2$ 燃料以及 UO_2 燃料、PuO_2 燃料、
ThO_2 燃料的热导率

2) 比定压热容

基于 Neumann-Kopp 原则，$(Th,U)O_2$ 燃料的比定压热容由 IAEA 的技术文件给出[30]：

$$C_{p,(Th,U)O_2} = W_{ThO_2} \cdot C_{p,ThO_2} + W_{UO_2} \cdot C_{p,UO_2} \tag{2-51}$$

其中，C_{p,ThO_2} 为 ThO_2 燃料的比定压热容，由 Bakker 等给出[74]：

$$C_{p,ThO_2} = (55.962 + 0.05126T - 3.6902 \times 10^{-5}T^2 + 9.2245 \times 10^{-9}T^3 - 5.74031 \times 10^5 T^{-1})$$

$$\tag{2-52}$$

C_{p,UO_2} 为 UO_2 燃料的比定压热容，由 Hagrman 等给出[75]。同样地，$(Th,Pu)O_2$ 燃料的比定压热容可以由 ThO_2 燃料及 PuO_2 燃料的比定压热容根据其相应的质量分数计算得到，其中 PuO_2 燃料的比定压热容也由 Hagrman 等给出[75]。$Th_{0.923}U_{0.077}O_2$ 燃料和 $Th_{0.923}Pu_{0.077}O_2$ 燃料的比定压热容的对比如图 2-26 所示，此外还有 ThO_2 燃料、UO_2 燃料、PuO_2 燃料的比定压热容作为对比。

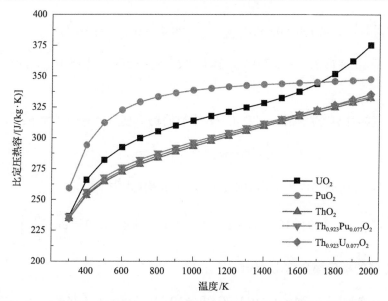

图 2-26　$Th_{0.923}U_{0.077}O_2$ 燃料、$Th_{0.923}Pu_{0.077}O_2$ 燃料以及 UO_2 燃料、PuO_2 燃料、ThO_2 燃料的比定压热容

3) 密度

钍基混合氧化物燃料的密度由各个燃料的体积分数和密度计算得到:

$$\rho_{(Th,U)O_2} = \varphi_{ThO_2} \cdot \rho_{ThO_2} + \varphi_{UO_2} \cdot \rho_{UO_2} \tag{2-53}$$

$$\rho_{(Th,Pu)O_2} = \varphi_{ThO_2} \cdot \rho_{ThO_2} + \varphi_{PuO_2} \cdot \rho_{Pu} \tag{2-54}$$

4) 热膨胀系数、杨氏模量、泊松比

$(Th,U)O_2$ 燃料的热膨胀系数由 Bakker 等给出[74]:

$$\frac{\Delta L}{L} = \begin{cases} -0.179 - 0.087W_{UO_2} + (5.097 + 4.705W_{UO_2}) \times 10^{-4}T + (3.732 - 4.002W_{UO_2}) \\ \times 10^{-7}T^2 + (-7.594 + 11.98W_{UO_2}) \times 10^{-11}T^3 \\ -0.179 - 0.149W_{UO_2} + (5.097 + 6.693W_{UO_2}) \times 10^{-4}T + (3.732 - 4.002W_{UO_2}) \\ \times 10^{-7}T^2 + (-7.594 + 19.784W_{UO_2}) \times 10^{-11}T^3 \end{cases}$$

$$\tag{2-55}$$

其中，第一个计算公式适用的温度范围为 $273K \leqslant T < 923K$，第二个计算公式适用的温度范围为 $923K \leqslant T < 2000K$。

$(Th,Pu)O_2$ 燃料的热膨胀系数则由以下公式给出[30]:

$$\frac{\Delta L_{\text{Thu},(\text{Th},\text{Pu})\text{O}_2}}{L} = -0.179 - 0.049 W_{\text{PuO}_2} + (5.079 - 225 W_{\text{PuO}_2}) \times 10^{-4} T$$
$$+ (3.732 - 2.257 W_{\text{PuO}_2}) \times 10^{-7} T^2 + (-7.594 + 12.454 W_{\text{PuO}_2}) \times 10^{-11} T^3 \tag{2-56}$$

与密度的计算方法类似，$(\text{Th},\text{U})\text{O}_2$ 燃料的杨氏模量计算公式如下：

$$E_{(\text{Th},\text{U})\text{O}_2} = V_{\text{ThO}_2} \cdot E_{\text{ThO}_2} + V_{\text{UO}_2} \cdot E_{\text{UO}_2} \tag{2-57}$$

其中，ThO_2 燃料的杨氏模量由 Belle 和 Berman 给出[63]：

$$E_{\text{ThO}_2} = 2.491 \times 10^{11} \times (1 - 2.21P) \times \left(1.023 - 1.405 \times 10^{-4} \exp\frac{181}{T} \right) \tag{2-58}$$

而 UO_2 燃料的杨氏模量则由 Martin 给出[28]：

$$E_{\text{UO}_2} = 2.334 \times 10^{11} \times \left[1 - (1.091 \times 10^{-4}) \times T \times \exp(-1.34 X_{\text{dev}}) \right] \tag{2-59}$$

其中，X_{dev} 为氧金属比。根据 FRAPCON 3.4 程序，$(\text{Th},\text{Pu})\text{O}_{2-x}$ 燃料的杨氏模量由以下公式给出：

$$E_{(\text{Th},\text{Pu})\text{O}_{2-x}} = E_{\text{ThO}_2} (1 + 0.0284 W_{\text{PuO}_2}) e^{-1.75 X_{\text{dev}}} \tag{2-60}$$

由于目前还没有 $(\text{Th},\text{U})\text{O}_2$ 燃料和 $(\text{Th},\text{Pu})\text{O}_2$ 燃料的泊松比的相关数据报道，基于 Bell 的建议，用 ThO_2 燃料的泊松比代表 $(\text{Th},\text{U})\text{O}_2$ 燃料和 $(\text{Th},\text{Pu})\text{O}_2$ 燃料的泊松比[76]。

5）裂变气体扩散系数

UO_2 燃料的裂变气体扩散系数由以下公式给出：

$$D_{0,\text{UO}_2} = D_{\text{thrm}} + 4 D_{\text{irr}} + 4 D_{\text{athrm}} \tag{2-61}$$

其中，D_{thrm} 为受热激发过程影响的扩散系数；D_{irr} 为受辐照导致的空位影响的扩散系数；D_{athrm} 为受非热效应影响的扩散系数。基于 Long 的研究工作[57]，$(\text{Th},\text{U})\text{O}_2$ 燃料的裂变气体扩散系数被定为 UO_2 燃料的 0.1 倍，即

$$D_{0,(\text{Th},\text{U})\text{O}_2} = 0.1 D_{0,\text{UO}_2} \tag{2-62}$$

基于 Bell 的研究工作，$(\text{Th},\text{Pu})\text{O}_2$ 燃料的裂变气体扩散系数由辐照数据拟合得到[76]：

$$D_{0,(\text{Th},\text{Pu})\text{O}_2} = 1.415 D_{\text{thrm}} + 0.1604 D_{\text{irr}} + 0.1604 D_{\text{athrm}} \tag{2-63}$$

2. SiC 包壳

1）热导率

SiC 单体在没有经过辐照情况下的热导率由 Snead 等的研究给出[77]：

$$k_{\text{CVD,non-irr}} = (-0.0003 + 1.05 \times 10^{-5} T)^{-1} \tag{2-64}$$

其热导率的单位为 W/(m·K)，Snead 等还给出了辐照条件下 SiC 单体的热导率[77]：

$$k_{\text{CVD,irr}} = \left[k_{\text{CVD,non-irr}}^{-1} + C \times \left(\frac{\Delta V}{V} \right) \right]^{-1} \tag{2-65}$$

其中，C 为常数；$\frac{\Delta V}{V}$ 为 SiC 瞬态肿胀应变，由 Singh 等的研究给出[78]：

$$\frac{\Delta V}{V} = k_s \gamma^{-\frac{1}{3}} \exp\left(\frac{\gamma}{\gamma_{\text{sc}}} \right) \tag{2-66}$$

其中，k_s 为与温度相关的参数：

$$k_s = 0.10612 - 1.5904 \times 10^{-4} T + 6.0631 \times 10^{-8} T^2 \tag{2-67}$$

γ 为辐照通量（dpa）；γ_{sc} 为特征辐照通量：

$$\gamma_{\text{sc}}(\text{dpa}) = 0.51801 - 2.7651 \times 10^{-3} T + 9.4807 \times 10^{-6} T^2 - 1.3095 \times 10^{-8} T^3 + 6.7221$$
$$\times 10^{-12} T^4 (473\text{K} < T < 1073\text{K}) \tag{2-68}$$

基于 Katoh 等的实验数据，SiC/SiC 复合材料在没有辐照的情况下的热导率为[79]

$$k_{\text{CMC,non-irr}} = (0.0807 + 7.157 \times 10^{-5} T)^{-1} \tag{2-69}$$

而在辐照的情况下，其热导率为

$$k_{\text{CMC,irr}} = \left[\frac{k_{\text{CMC,non-irr}} - k_{\text{CMC,sat}} T_{\text{irr}}}{\left(\frac{\Delta V}{V} \right)_{\text{sat}} T_{\text{irr}}} \right] \left(\frac{\Delta V}{V} \right) \tag{2-70}$$

其中，T_{irr} 为辐照温度（K）；sat 为饱和肿胀率；$k_{\text{CMC,sat}}$ 为辐照情况下的饱和肿胀率：

$$k_{\text{CMC,sat}} = -1.484 \left(\frac{\Delta V}{V} \right)_{\text{sat}} T_{\text{irr}} + 3.429 \tag{2-71}$$

2) 热膨胀系数

根据 Katoh 等的报道，SiC 单体及 SiC/SiC 复合材料被认为具有相似的热膨胀系数，具体可表示为[80]

$$\alpha(T) = 10^{-6}(-0.7765 + 1.435 \times 10^{-2}T - 1.2209 \times 10^{-5}T^2 + 3.8289 \times 10^{-9}T^3) \quad (2\text{-}72)$$

其中，参考温度为 293K，适用温度范围为 $293\text{K} \leqslant \alpha(T) \leqslant 1273\text{K}$。

3) 比定压热容

基于实验数据，Snead 等得出 SiC 单体的比定压热容可由以下公式计算[77]：

$$C_{p,\,\text{SiC}} = 925.65 + 0.3772T - 7.9259 \times 10^{-5}T^2 + 3.1946 \times 10^{7}T^{-2} \quad (2\text{-}73)$$

其适用的温度范围为 $200\text{K} \leqslant C_{p,\,\text{SiC}} \leqslant 2400\text{K}$。根据 Snead 的报道，SiC/SiC 复合材料的比定压热容假定与 SiC 单体的比定压热容相同，并且认为辐照对比定压热容几乎没有影响。

4) 杨氏模量和泊松比

由 Newsome 等推荐，在没有经过辐照情况下的 SiC 单体的杨氏模量可由以下公式计算得到[81]：

$$E_{\text{CVD,non-irr}} = 460\exp(-3.57V_{\text{p}}) - 0.04\exp\left(\frac{-962}{T}\right) \quad (2\text{-}74)$$

其单位为 GPa，V_{p} 为孔隙度百分比，取值为 0.02。对于 SiC/SiC 复合材料，基于 Katoh 等的测量结果，其在没有经过辐照情况下的杨氏模量取值为 230GPa[79]。根据 Mieloszyk 的报道，SiC 单体及 SiC/SiC 复合材料的杨氏模量经过辐照后会减小[59]，具体的计算公式为

$$E_{\text{irr}} = E_0\left(1 - 0.15\frac{\Delta V}{V}\right) \quad (2\text{-}75)$$

其中，E_0 为在辐照前的杨氏模量。

基于辐照对 SiC 单体及 SiC/SiC 复合材料的泊松比没有很大影响的报道，其泊松比在本研究工作中取值分别为 0.21 和 0.13。

5) 密度

基于 Snead 等的报道，SiC 单体的密度为 3.21g/cm³[77]，SiC/SiC 复合材料的密度则由 Katoh 等报道为 2.74g/cm³[79]。

6) 蠕变和腐蚀

基于 Snead 等的报道，SiC 材料稳态下的蠕变率为[77]

$$\dot{\varepsilon} = 2\times10^3 \times \left(\frac{\sigma}{191\times10^3}\right)^{2.3} \cdot \exp\left(-\frac{17400}{8.314T}\right) + 2.7\times10^{-35}\sigma\phi \qquad (2\text{-}76)$$

基于 Mieloszyk 的报道，SiC 材料的腐蚀速率比锆合金的低几个数量级，因而 SiC 材料被认为在反应堆运行时基本没有发生腐蚀。

2.3.3 模型构建

1. 几何模型

本节采用二维轴对称的几何模型，如图 2-27(a) 所示，为节约计算资源，同时保证计算结果的准确性，采用了周期性边界条件来代表数个燃料元件，图 2-27(b) 所示的是计算的映射网格。这一几何模型应用于本节研究工作中的 UO₂ 燃料及钍基混合氧化物燃料。基于 Mieloszyk 的研究工作[59]及 Stone 等对多层 SiC 包壳材料的应力和失效概率分析[69]，其模型的详细参数汇总于表 2-6，采用内层为 750μm 厚的 SiC/SiC 复合材料及外层为 250μm 厚的 SiC 单体的双层 SiC 包壳，另外作为

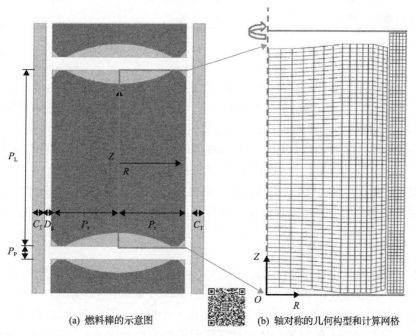

(a) 燃料棒的示意图   (b) 轴对称的几何构型和计算网格

图 2-27　二维轴对称 UO₂ 燃料、钍基混合氧化物燃料的几何模型和计算网格(彩图扫二维码)

P_L. 燃料元件长度；P_r. 燃料元件的半径；C_T. 包壳厚度；D_g. 气隙直径；
P_P. 燃料元件之间在轴向的间距；R. 径向坐标；Z. 轴向坐标

对比,还分析了内层 SiC/SiC 复合材料及外层 SiC 单体厚度均为 400μm 的双层 SiC 包壳的性能。

表 2-6　模型设定细节

	数值	
	锆包壳	双层结构的 SiC 包壳材料
有效燃料元件高度/cm	11.90	11.90
燃料元件半径/mm	4.1	4.1
气隙厚度/μm	80	80
包壳内径/mm	8.36	8.36
包壳厚度/μm	570	750/250(400/400)
包壳外径/mm	9.5	10.36(9.96)
气腔与燃料高度比值	0.045	0.045
燃料富集度	4.9%	4.9%
初始燃料密度	理论值的 95%	理论值的 95%
线功率/(W/cm)	200	200
快中子通量/[n/(m²·s)]	9.5×10^{17}	9.5×10^{17}
冷凝剂压力/MPa	15.5	15.5
冷却剂温度/K	530	530
初始氦气压强/MPa	2.0	2.0

2. 模拟细节

在对前期开发的 CAMPUS 程序进行修改后[34],考虑 UO_2 燃料、$Th_{0.923}U_{0.077}O_2$ 燃料和 $Th_{0.923}Pu_{0.077}O_2$ 燃料分别与锆合金包壳及双层结构的 SiC 包壳的燃料包壳组合,其中裂变气体的扩散和释放模型、燃料晶粒的生长模型与 UO_2 燃料的一致,但裂变气体的扩散系数有更新。所有的模型均采用 COMSOL 内置的非线性后向差分公式求解时间导数,针对由弱解形式方程定义和有限元网格组合而成的线性方程组,采用了一种 MUMPS 的直接求解器,并且在 COMSOL 中所有求解的变量都预先设定了一个大概的求解值,这样可以提升数值求解的稳定性和准确性。

2.3.4　结果与讨论

本节对比分析 UO_2 燃料、$Th_{0.923}U_{0.077}O_2$ 燃料和 $Th_{0.923}Pu_{0.077}O_2$ 燃料分别与锆合金包壳、具有双层结构的 SiC 包壳组合的燃料包壳系统在轻水堆中的正常运行工况下的性能。图 2-27(b) 所示的几何模型由一个燃料元件与包壳组成,其中燃料与包壳之间有 80μm 的气隙,还包括了燃料顶部的自由空间,其中自由空间的高度与燃料高度的比值为 0.045。在包壳外表面考虑一个均匀对流边界条件来模拟包壳外流动的冷却剂的传热过程。燃料元件中的线功率设定为在前 3h 内线性递增然后在 3.8a 内保持不变。采用一种典型的压水堆运行工况，具体如表 2-3 所示。前期已对开发的 CAMPUS 程序进行了对比验证[34]，因此本节主要对比分析上述燃料包壳组合在反应堆中的性能。图 2-28 所示的是 UO_2-Zircaloy、$Th_{0.923}Pu_{0.077}O_2$-Zircaloy 及 $Th_{0.923}U_{0.077}O_2$-Zircaloy 燃料包壳系统的燃料温度的变化情况，可以看到 $Th_{0.923}U_{0.077}O_2$ 燃料的中心温度最低，其平均温度比 UO_2 燃料低 100K 左右，而 $Th_{0.923}Pu_{0.077}O_2$ 燃料的中心温度在燃耗达到 300MW·h/kg U 之前比 UO_2 燃料的更高一些，在 300~900MW·h/kg U 燃耗时比 UO_2 燃料的中心温度低很多，在 900MW·h/kg U 燃耗之后其中心温度则比 UO_2 燃料的中心温度稍微低一点，这主要是受燃料热导率、热膨胀系数及裂变气体释放量的综合影响。对于 $Th_{0.923}Pu_{0.077}O_2$-Zircaloy 以及 $Th_{0.923}U_{0.077}O_2$-Zircaloy 燃料包壳系统，其燃料外表面温度及包壳内表面温度都没有太大差别，而 UO_2-Zircaloy 燃料包壳系统的燃料外表面温度在低燃耗阶段是最低的，在 300MW·h/kg U 燃耗之后则是最高的。总而言之，相比传统的 UO_2 燃料，$Th_{0.923}U_{0.077}O_2$ 燃料能够有效降低反应堆燃料中心温度，而 $Th_{0.923}Pu_{0.077}O_2$ 燃料则只能小幅降低燃料中心温度。

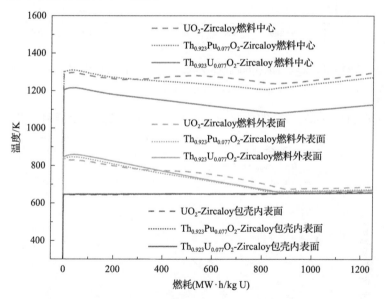

图 2-28　UO_2 燃料、$Th_{0.923}Pu_{0.077}O_2$ 燃料及 $Th_{0.923}U_{0.077}O_2$ 燃料分别与锆合金组合的燃料和包壳温度变化情况

如图 2-29 所示，UO_2-Zircaloy 燃料包壳组合的气隙最后闭合，这主要是由不同的热膨胀以及肿胀率导致的。所有燃料包壳组合的气隙有一个逐渐增大的过程，这主要是因为燃料在热膨胀的同时也伴随着燃料的密实化过程。然后气隙又逐渐减小，并且 $Th_{0.923}Pu_{0.077}O_2$-Zircaloy 燃料包壳组合的气隙闭合时间最早，接着是 $Th_{0.923}U_{0.077}O_2$-Zircaloy。在 800MW·h/kg U 燃耗之前，$Th_{0.923}U_{0.077}O_2$-Zircaloy 燃

料包壳组合的气隙最大。而 $Th_{0.923}Pu_{0.077}O_2$ 燃料和 $Th_{0.923}U_{0.077}O_2$ 燃料与 Zircaloy 组合的气隙闭合时间都比 UO_2-Zircaloy 燃料包壳组合的气隙闭合时间更早，这将导致更早的燃料与包壳的力学相互作用，因而不利于反应堆安全的提升。

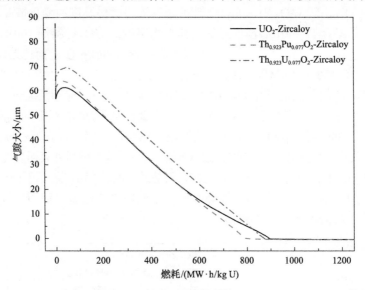

图 2-29　UO_2-Zircaloy、$Th_{0.923}Pu_{0.077}O_2$-Zircaloy 及 $Th_{0.923}U_{0.077}O_2$-Zircaloy 燃料包壳
组合的气隙变化情况

图 2-30 和图 2-31 所示的分别是上述燃料包壳组合的裂变气体释放量及内压

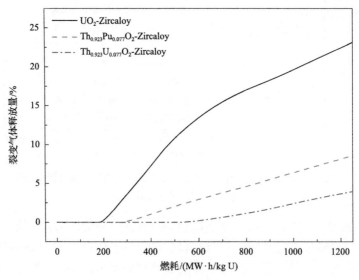

图 2-30　UO_2-Zircaloy、$Th_{0.923}Pu_{0.077}O_2$-Zircaloy 及 $Th_{0.923}U_{0.077}O_2$-Zircaloy 燃料包壳
组合的裂变气体释放量的变化情况

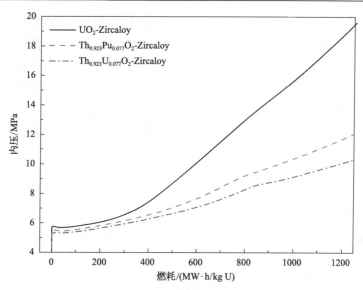

图 2-31　UO$_2$-Zircaloy、Th$_{0.923}$Pu$_{0.077}$O$_2$-Zircaloy 及 Th$_{0.923}$U$_{0.077}$O$_2$-Zircaloy 燃料包壳
组合的内压的变化情况

的变化情况，从图中可以看出，Th$_{0.923}$U$_{0.077}$O$_2$ 燃料和 Th$_{0.923}$Pu$_{0.077}$O$_2$ 燃料开始释放裂变气体的时间相比 UO$_2$ 燃料的有大幅延迟，并且 Th$_{0.923}$U$_{0.077}$O$_2$ 燃料的裂变气体释放量最小，进而使内压也最小。而 UO$_2$ 燃料则具有最大的裂变气体释放量和内压，这主要是因为 Th$_{0.923}$U$_{0.077}$O$_2$ 燃料的温度最低，UO$_2$ 燃料的温度最高，并且 Th$_{0.923}$U$_{0.077}$O$_2$ 燃料的裂变气体扩散系数是 UO$_2$ 燃料的 1/10。Th$_{0.923}$Pu$_{0.077}$O$_2$ 燃料的裂变气体释放量和内压大小则处于 Th$_{0.923}$U$_{0.077}$O$_2$ 燃料和 UO$_2$ 燃料之间，但比 UO$_2$ 燃料的小很多。因此，Th$_{0.923}$U$_{0.077}$O$_2$ 燃料和 Th$_{0.923}$Pu$_{0.077}$O$_2$ 燃料都能大幅降低裂变气体释放量及内压。

　　下面进一步分析钍基燃料与双层 SiC 包壳组合的性能，起初考虑双层 SiC 包壳的厚度为 1000μm，并考虑上述相同的运行工况。如图 2-32 所示，钍基燃料与双层 SiC 包壳的组合的温度远远高于其与锆合金包壳的组合的温度，即在低燃耗阶段，三种燃料分别与双层 SiC 包壳的组合的温度高出它们与锆合金的组合的温度约 200K，并且所有燃料包壳组合的燃料中心温度会随着燃耗的加深而大幅递增，这主要是由于双层 SiC 包壳的厚度大于锆合金包壳厚度及 SiC 包壳的肿胀效应和 SiC 包壳的热导率受辐照后大幅降低。另外，Th$_{0.923}$U$_{0.077}$O$_2$ 燃料与双层 SiC 包壳的组合的燃料与包壳的温度最低，在低燃耗阶段比 UO$_2$ 燃料的中心温度低 100K 左右，在 600MW·h/kg U 时低 400K 左右，这主要是因为 Th$_{0.923}$U$_{0.077}$O$_2$ 燃料具有高热导率及低裂变气体扩散系数。在 200MW·h/kg U 到 700MW·h/kg U 之间，UO$_2$ 燃料及 Th$_{0.923}$Pu$_{0.077}$O$_2$ 燃料的中心温度和燃料外表面温度变化较一致，从图 2-32 中可以看出，在燃耗 200MW·h/kg U 之前 Th$_{0.923}$Pu$_{0.077}$O$_2$ 燃料及 Th$_{0.923}$U$_{0.077}$O$_2$ 燃料的外表面温度与包壳的内表面温度之间有大概 200K 的温差，并且在 200MW·h/kg U 燃耗之后 UO_2 燃料和 $Th_{0.923}Pu_{0.077}O_2$ 燃料的燃料外表面和包壳内表面的温差较大，这可能是由这三种燃料不同的热膨胀系数、热导率、裂变气体扩散系数导致的。并且这可以通过气隙变化情况来进一步论证，如图 2-33 所示，所有燃料包壳组合的

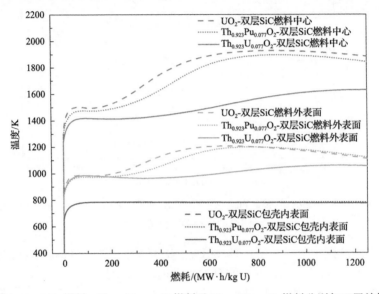

图 2-32　UO_2 燃料、$Th_{0.923}Pu_{0.077}O_2$ 燃料及 $Th_{0.923}U_{0.077}O_2$ 燃料分别与双层结构的 SiC 包壳组合的燃料和包壳温度的变化情况

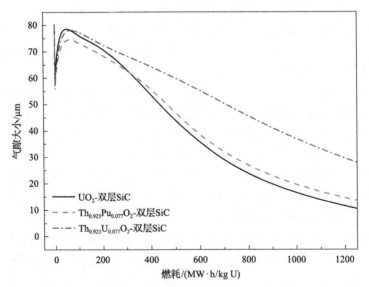

图 2-33　UO_2 燃料、$Th_{0.923}Pu_{0.077}O_2$ 燃料及 $Th_{0.923}U_{0.077}O_2$ 燃料分别与双层结构的 SiC 包壳组合的气隙大小的变化情况

气隙都经历了一个突然减小然后又突然急剧增大的过程，这主要是因为燃料的热膨胀及密实化过程。并且 $Th_{0.923}Pu_{0.077}O_2$ 燃料在 300MW·h/kg U 燃耗之前具有最小的气隙以及 $Th_{0.923}U_{0.077}O_2$ 燃料在几乎所有考虑的辐照时间内具有最大的气隙（燃料与包壳力学相互作用延迟时间最长），然后是 $Th_{0.923}Pu_{0.077}O_2$ 燃料和 UO_2 燃料，这两种燃料的气隙大小在 300MW·h/kg U 燃耗之后只有大概 5μm 左右的差别，这主要是热膨胀、热导率和裂变气体释放、燃料密实化的综合因素影响的结果。

气隙的变化将进一步影响反应堆内压的变化，图 2-34 和图 2-35 所示的是上述燃料包壳组合的裂变气体释放量及内压变化情况，相比图 2-30 和图 2-31，发现 UO_2 燃料及 $Th_{0.923}Pu_{0.077}O_2$ 燃料的裂变气体释放量及内压都大幅增大，而 $Th_{0.923}U_{0.077}O_2$ 燃料的裂变气体释放量和内压最小，这与图 2-30 和图 2-31 中锆合金包壳的情况类似。很明显，其中最主要的影响因素就是 $Th_{0.923}U_{0.077}O_2$ 燃料的高热导率，因而今后与双层结构组合的先进核燃料应是具有高热导率的燃料，如 U_3Si_2 燃料和 UN 燃料。

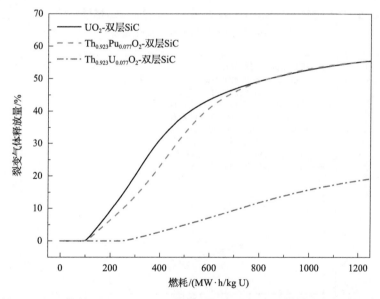

图 2-34　UO_2 燃料、$Th_{0.923}Pu_{0.077}O_2$ 燃料及 $Th_{0.923}U_{0.077}O_2$ 燃料分别与双层结构的 SiC 包壳组合的裂变气体释放量的变化情况

为了对比分析锆合金包壳与双层结构的 SiC 包壳的燃料与包壳的力学相互作用，进一步分析燃料与包壳的径向位移。图 2-36 所示的是 UO_2 燃料及钍基混合氧化物燃料与锆合金包壳的组合的径向位移，燃料外表面的径向位移由于燃料的热膨胀而首先迅速增大，然后又由于燃料的密实化而有一个短暂的减小过程，最后又由于辐照而继续增大。包壳内外表面由于锆合金的蠕变而使包壳向燃料堆芯方向移动，当包壳内外表面的位移出现一个明显的转折点时，表明气隙已经闭合

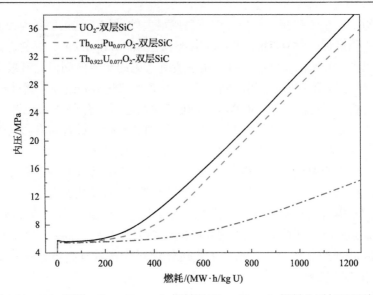

图 2-35 UO_2 燃料、$Th_{0.923}Pu_{0.077}O_2$ 燃料及 $Th_{0.923}U_{0.077}O_2$ 燃料分别与双层结构
的 SiC 包壳组合的内压的变化情况

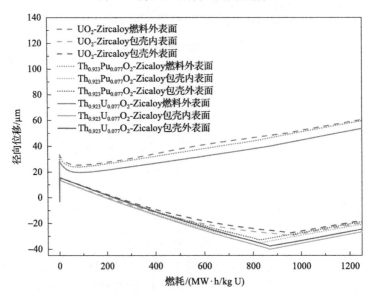

图 2-36 UO_2-Zircaloy、$Th_{0.923}Pu_{0.077}O_2$-Zircaloy 及 $Th_{0.923}U_{0.077}O_2$-Zircaloy 燃料包壳
组合的径向位移变化情况

并且发生燃料与包壳的力学相互作用。$Th_{0.923}U_{0.077}O_2$ 燃料和 $Th_{0.923}Pu_{0.077}O_2$ 燃料
与包壳发生力学相互作用的时间均比 UO_2 燃料的更早。接着燃料与包壳将继续向
外膨胀,并且锆合金的内表面和外表面发生膨胀的步调是一致的。然而上述燃料与
双层结构的 SiC 包壳的组合的径向位移与锆合金的大不相同。如图 2-36 所示,其

燃料外表面径向位移比与锆合金包壳的组合的径向位移大很多,特别是 UO_2 燃料与 SiC 包壳组合的径向位移增加了 $50\mu m$,而 $Th_{0.923}U_{0.077}O_2$ 燃料和 $Th_{0.923}Pu_{0.077}O_2$ 燃料与 SiC 包壳组合的径向位移分别增加了大约 $35\mu m$ 和 $30\mu m$,并且与双层结构的 SiC 包壳的径向位移在燃耗初级阶段是递增的,随后保持不变。其中与 UO_2 燃料组合的双层结构的 SiC 包壳的径向位移比与 $Th_{0.923}U_{0.077}O_2$ 燃料和 $Th_{0.923}Pu_{0.077}O_2$ 燃料组合的径向位移都要大很多。因而双层结构的 SiC 包壳能够有效延缓燃料与包壳的力学相互作用,但同时也会使得燃料中心温度更高。

图 2-37 分析了在双层结构的 SiC 包壳各层中的环向应力变化情况,并与 SiC/SiC 复合材料的极限应力[70]、SiC 单体材料的断裂应力进行了对比。从图 2-37 中可以看出,与 Ben-Belgacem 等的模拟结果类似,在 SiC/SiC 复合材料层中模拟计算得到的是张力,在 SiC 单体材料层中模拟计算得到的是压力,这是 SiC 包壳中的热应变、肿胀应变,以及作用在 SiC 包壳上的气体压力和冷却剂压力的综合作用的结果。在单体 SiC 材料中,在气隙即将闭合时其受力状态由压力转变为张力[21]。从图 2-37 中可以看出,UO_2 燃料与双层 SiC 包壳组合这一算例的 SiC 的环向应力在 $850MW \cdot h/kg\ U$ 燃耗时超出了 SiC 复合材料的应力上限值,而 $Th_{0.923}Pu_{0.077}O_2$ 燃料以及 $Th_{0.923}U_{0.077}O_2$ 燃料分别与双层 SiC 包壳组合的算例中 SiC 复合材料的环向应力在 $1200MW \cdot h/kg\ U$ 燃耗之前逐渐增大,并且低于 SiC 复合材料的应力上限值,这表明相比 UO_2 燃料算例,钍基燃料具有更低的包壳失效概率。即 $Th_{0.923}U_{0.077}O_2$ 燃料与双层结构的 SiC 包壳的组合能够大幅延迟燃料与包壳的力学相互作用,这使得反应堆能够在一个更低的包壳应力下稳定运行更长的时间(更小的失效概率)。因而使用这一燃料包壳组合有望提升反应堆的安全性。

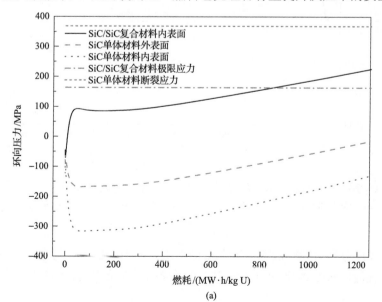

(a)

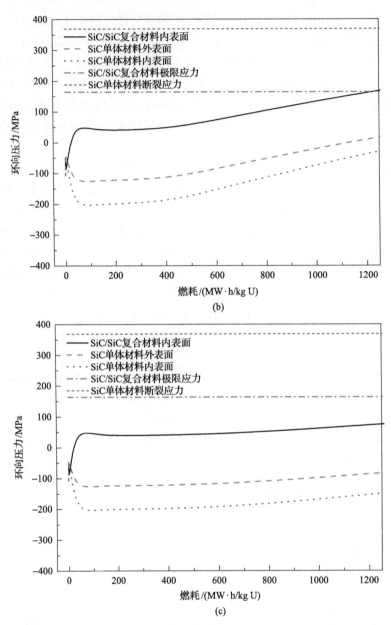

图 2-37　UO_2 燃料(a)、$Th_{0.923}Pu_{0.077}O_2$ 燃料(b)及 $Th_{0.923}U_{0.077}O_2$ 燃料(c)分别与双层结构的 SiC 包壳组合的环向应力的变化情况，附加 SiC/SiC 复合材料的极限应力及 SiC 单体材料的断裂应力作为对比

　　对比厚度分别为 800μm 和 1000μm 的双层结构的 SiC 包壳与上述三种燃料组合的燃料性能，从图 2-38 中可以看出，在考虑的燃耗范围内，燃料中心温度、气

隙大小、裂变气体释放量及内压大小在上述两种厚度的 SiC 包壳中的变化不大。更确切地说，与 800μm 厚度的 SiC 包壳组合的燃料包壳系统的燃料中心温度比与 1000μm 厚度的 SiC 包壳组合的燃料中心温度更低一些，而气隙大小则更大一些，裂变气体的释放量也更小一些，因而与 800μm 厚度的 SiC 包壳组合的燃料包壳系统的燃料性能会比 1000μm 厚度的更好一些。但是更薄的 SiC 包壳对生产制备的要求更高，因而目前制备更长、更薄的 SiC 包壳仍然具有挑战性。

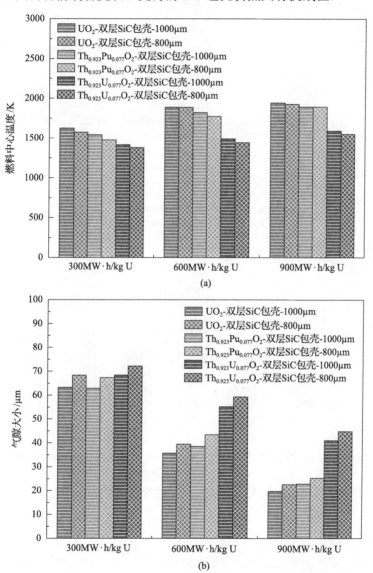

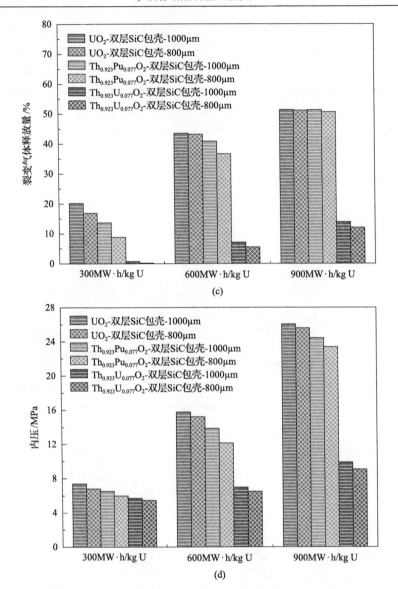

图 2-38　UO$_2$ 燃料、Th$_{0.923}$Pu$_{0.077}$O$_2$ 燃料及 Th$_{0.923}$U$_{0.077}$O$_2$ 燃料分别与两种厚度的双层结构的 SiC 包壳组合的燃料性能对比

(a)燃料中心温度；(b)气隙大小；(c)裂变气体释放量；(d)内压

2.3.5　小结

　　本节对钍基混合氧化物燃料与具有双层结构的 SiC 包壳的燃料包壳组合应用于正常运行工况下的性能进行了分析，并与 UO$_2$ 燃料与具有双层结构的 SiC 包壳的燃料包壳组合的性能进行了对比。其中钍基混合氧化物燃料包括 Th$_{0.923}$U$_{0.077}$O$_2$

燃料和 $Th_{0.923}Pu_{0.077}O_2$ 燃料，并且考虑了两种不同 SiC 包壳厚度的情况。具体的研究结论如下。

(1)相比于 UO_2-Zircaloy 系统，$Th_{0.923}U_{0.077}O_2$-Zircaloy 系统能够大幅降低燃料中心温度(大约 100K)，对于 $Th_{0.923}Pu_{0.077}O_2$-Zircaloy 系统的燃料中心温度则变化不大。而上述三种燃料与具有双层结构的 SiC 包壳的组合都使得燃料中心温度大幅提升(大约 50~200K)，特别是在高燃耗阶段，这将导致更高的裂变气体产生量和更大的内压。

(2)具有双层结构的 SiC 包壳能够有效延迟气隙闭合时间，进而延缓燃料与包壳的力学相互作用，从而提升反应堆的安全性。

(3)具有双层结构的 SiC 包壳的厚度对燃料性能的影响不是很大，其中与更薄的 SiC 包壳组合的燃料性能会有小幅提升。因而对于双层结构的 SiC 包壳，其厚度并不是提升反应堆燃料性能的关键因素。

本节研究结果表明钍基混合氧化物燃料与锆合金的组合能够有效降低燃料中心温度，但同时也会导致更早的燃料与包壳的力学相互作用，而具有双层结构的 SiC 包壳能够大幅延迟气隙闭合时间。因而钍基混合氧化物燃料与具有双层结构的 SiC 包壳组合有望降低燃料中心温度并且同时延缓燃料与包壳的力学相互作用。但还需对其进行中子物理经济性研究，以及考虑钍基混合氧化物燃料和 SiC 包壳在辐照情况下材料性质的变化。

2.4　微型 UO_2-Mo 燃料性能的多物理场全耦合分析

2.4.1　引言

事故容错燃料系统能够使堆芯忍受有效冷却水缺失事故，避免了在采取有效措施之前对核反应堆的损害。本节具体分析了四种事故容错燃料在正常运行情况下的性能。其中考虑的四种事故容错燃料分别为 UO_2-BeO 复合燃料、UO_2-SiC 复合燃料、U_3Si_2 金属燃料及微型 UO_2-Mo 燃料。BeO 和 SiC 是目前报道的与 UO_2 相容性最好的高热导率材料，并且已经通过建立相关的物理模型系统性地分析了三种 BeO 体积分数的 UO_2-BeO 复合燃料的性能[14]。模型的分析结果显示燃料中心温度、裂变气体产生量以及包壳应变都大幅降低，其中 UO_2-36.4%BeO 燃料在燃耗 600MW·h/kg U 的时候燃料中心温度降低 370K 左右，裂变气体产生量减少 66.7%，因而燃料性能大幅提升。2013 年，Yeo 等合成不同 SiC 粒子大小及不同体积分数的 UO_2-SiC 复合燃料，并且测量了复合燃料的热导率以及与相关文献的理论模型预测的热导率相比较[17]。分析表明，UO_2-SiC 复合燃料(SiC 的体积分数为 20%的 UO_2-SiC 燃料)能够有效降低燃料的中心温度，降幅达 150K[82]。金属燃料 U_3Si_2 被报道具有很多有利的热物理性质，包括具有很高的密度($12.2g/cm^3$)，在常温下具有很高的热导率[15W/(m·K)]以及具有很高的熔点(1665℃)，因而被视为先进的燃料系统[21]。由于 Mo 金属具有高熔点、高热导率以及小中子吸收截面，最近由韩国汉阳大学的 Lee 等通过传统的 UO₂ 燃料制备方法合成了热性能增强的金属微型 UO₂-Mo 燃料[5]，从而大大提高了 UO₂ 燃料的热导率。本节在实验数据的基础上，估算了金属微型 UO₂-Mo 燃料的热力学性质，并建立了相应的燃料性能分析模型，同时在考虑燃料制备的经济性的基础上[83]，对微型 UO₂-5%Mo 燃料与 UO₂-4.2%BeO、UO₂-10%SiC 复合燃料及 U₃Si₂ 金属燃料运用于轻水堆正常运行工况下的燃料性能进行了初步分析。

2.4.2　多物理场控制方程

1. 热量的产生和热传导

燃料内的热传递模型由以下热传导方程确定：

$$\rho C_p \frac{\partial T}{\partial t} = \nabla \cdot (k\nabla T) + Q \tag{2-77}$$

其中，T 为温度；ρ、C_p 和 k 分别为燃料的密度、比定压热容和热导率；Q 为燃料内产生的热量，对于单个燃料元件，考虑均匀分布的热源，具体由以下公式确定：

$$Q = \frac{P_{\text{lin}}}{\pi \cdot a_{\text{pellet}}^2} \tag{2-78}$$

其中，P_{lin} 为燃料线功率；a_{pellet} 为燃料半径。

在燃料与包壳之间的气隙的热传递采用了一维的稳态热传递模型，其中径向的热流为

$$Q_r = (h_{\text{gas}} + h_{\text{solid}} + h_{\text{rad}})(T_{\text{fuel}} - T_{\text{cladding}}) \tag{2-79}$$

其中，T_{fuel} 和 T_{cladding} 分别为燃料外表面和包壳内表面的温度。气隙的总的热传导系数是气体热传导系数、固-固接触热传导系数及辐射热传导系数的总和。气体热传导系数来自 Ross 和 Stoute 的研究[84]：

$$h_{\text{gas}} = \frac{k_{\text{gas}}(T_{\text{gas}})}{d_g + C_r(r_1 + r_2) + g_1 + g_2} \tag{2-80}$$

其中，k_{gas} 为气体在气隙中的热导率；d_g 为气隙厚度；C_r 为粗糙系数；r_1 和 r_2 为表面粗糙度；g_1 和 g_2 为两个表面的跳跃距离。固-固接触热传导系数由 Olander

给出的经验公式[85]确定:

$$h_{\text{solid}} = C_{\text{s}} \frac{2k_1 k_2}{k_1 + k_2} \frac{P_{\text{c}}}{\delta^{0.5} H} \tag{2-81}$$

其中,C_{s} 为常数(通常为 1);k_1 和 k_2 为相互接触的两种材料的热导率;P_{c} 为接触压力;δ 为平均气体层厚度;H 为努氏硬度。辐射热传导系数的计算基于 Stephan-Boltzmann 定律:

$$h_{\text{rad}} = \sigma \frac{1}{\dfrac{1}{\varepsilon_1} + \dfrac{1}{\varepsilon_2} - 1} (T_1^2 + T_2^2)(T_1 + T_2) \tag{2-82}$$

其中,σ 为 Stephan-Boltzmann 常数;ε_1 和 ε_2 为辐射表面的发射率;T_1 和 T_2 分别为燃料外表面和包壳内表面的温度。从燃料包壳到冷凝剂的热流计算为

$$Q_{\text{r}} = \frac{T_{\text{cladding}} - T_{\text{coolant}}}{(t_{\text{oxide}} / k_{\text{oxide}}) + (1 / h_{\text{film}})} - Q_{\text{oxide}} \tag{2-83}$$

其中,T_{cladding} 为包壳温度;T_{coolant} 为冷凝剂温度;k_{oxide} 为氧化锆层的热导率;t_{oxide} 为氧化锆层厚度;h_{film} 为包壳的有效热传导系数;Q_{oxide} 为由氧化层的增厚导致的热传导的损耗。

2. 力学模型

燃料的形变行为由柯西方程决定:

$$-\nabla \cdot \sigma = F_v \tag{2-84}$$

其中,σ 为柯西应力张量(N/m^2);F_v 为单位体积体作用力,包括外力、热膨胀应力、材料蠕变应力、燃料密实化以及裂变气体肿胀应力。柯西应力张量的计算基于线性的弹性模型:

$$\sigma = [C'][\varepsilon] \tag{2-85}$$

其中,$[C']$ 为材料矩阵;$[\varepsilon]$ 为弹性应变张量,即 $1/2[\nabla \cdot u + \nabla \cdot u^{\text{T}}]$。

3. 裂变气体的产生和扩散模型

采用 Booth 扩散模型[86]通过扩散机制计算裂变气体在气隙中的产生量:

$$\frac{\partial C}{\partial t} = D\nabla^2 C_{\text{gas}} + Q_{\text{fg}} \tag{2-86}$$

其中，C_{gas} 为在燃料晶粒里的裂变气体含量；D 为裂变气体的扩散系数 (m^2/s)；Q_{fg} 为裂变气体原子的单位体积产生率。在裂变气体释放到晶粒表面后，会在晶粒之间形成气泡，当在晶粒边界累积的裂变气体达到饱和后，裂变气体就会向外释放。

4. 内压计算模型

在气隙中的压强可通过以下公式计算：

$$P = \frac{nR}{\displaystyle\int_V^1 \frac{1}{T} \text{d}V} \tag{2-87}$$

其中，P 为气体压强；n 为气体物质的量；R 为摩尔气体常数；V 为气体体积；T 为气隙的平均温度。

2.4.3　材料的物性和燃料的性能

1. 微型 UO_2-5%Mo 燃料物性

由于目前尚无有关 UO_2-5%Mo 燃料的辐照数据，该燃料由于固态裂变产物和气态裂变产物导致的辐照肿胀模型将采用 UO_2 燃料的辐照肿胀模型[87]：

$$\frac{\delta\varepsilon_{\text{sw-s}}}{\delta t} = 5.577\times10^{-5}\rho\frac{\delta\text{Bu}}{\delta t} \tag{2-88}$$

$$\frac{\delta\varepsilon_{\text{sw-g}}}{\delta t} = 1.96\times10^{-31}\rho\frac{\delta\text{Bu}}{\delta t}(2800-T)^{11.73}\text{e}^{-0.0162(2800-T)}\text{e}^{-0.0178\rho\text{Bu}} \tag{2-89}$$

其中，$\dfrac{\delta\varepsilon_{\text{sw-s}}}{\delta t}$ 为固态裂变产物膨胀率；ρ 为燃料密度；$\dfrac{\delta\varepsilon_{\text{sw-g}}}{\delta t}$ 为气态裂变产物膨胀率；Bu 为燃耗。燃料的密实化模型也近似为[51]

$$\varepsilon_{\text{D}} = \Delta\rho_0\left(\text{e}^{\frac{\text{Bu}\ln(0.01)}{C_{\text{D}}\text{Bu}_{\text{D}}}} - 1\right) \tag{2-90}$$

其中，ε_{D} 为燃料的密实化体应变；Bu 为燃耗；Bu_{D} 为密实化完成时的燃耗（5MW·d/kg U）；C_{D} 为受温度影响的系数。

UO_2-Mo 燃料的热导率计算式与 UO_2 的类似，考虑了辐照效应导致的变化[15]：

$$k_{\mathrm{UO_2\text{-}Mo}} = k_{0\mathrm{UO_2\text{-}Mo}} \cdot f_p(\mathrm{Bu},T) \cdot f_p(\mathrm{Bu},T) \cdot f_{\mathrm{por}}(p) \cdot f_x(x) \cdot f_{\mathrm{r}}(T) \qquad (2\text{-}91)$$

其中，$k_{0\mathrm{UO_2\text{-}Mo}}$ 为未经辐照的燃料热导率，根据实验数据[84]，拟合的 UO₂-Mo 燃料热导率如图 2-39 所示。

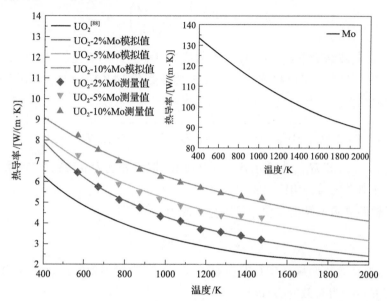

图 2-39　拟合的不同 Mo 体积的 UO₂-Mo 燃料热导率与实验测量的热导率比较，
内嵌图是 Mo 金属的热导率

UO₂-Mo 燃料的热和辐照蠕变参照 UO₂ 的 MATPRO FCREEP 蠕变模型[87]：

$$\dot{\varepsilon} = \frac{A_1 + A_2\dot{F}}{(A_3 + D_{\mathrm{f}})G^2}\sigma e^{\left(\frac{-Q_1}{RT}\right)} + \frac{A_4}{(A_6 + D_{\mathrm{f}})}\sigma^{4.5}e^{\left(\frac{-Q_2}{RT}\right)} + A_7\dot{F}\sigma e^{\left(\frac{-Q_3}{RT}\right)} \qquad (2\text{-}92)$$

其中，$\dot{\varepsilon}$ 为蠕变率（1/s）；σ 为有效应力（Pa）；T 为温度（K）；D_{f} 为燃料密度（与理论密度的比值）；G 为晶粒大小（μm）；$\dot{F}$ 为体裂变率；Q_i 为活化能（J/mol）；R 为摩尔气体常数；A_i 为材料常数。考虑各向同性的材料性质，有效应力可计算为

$$\sigma = \sqrt{(\sigma_\phi - \sigma_z)^2 + (\sigma_z - \sigma_r)^2 + (\sigma_r - \sigma_\phi)^2} \qquad (2\text{-}93)$$

其中，σ_r、σ_ϕ 和 σ_z 分别为在 r、ϕ 和 z 方向上的应力。

　　UO₂-Mo 燃料的比定压热容、密度、杨氏模量以及泊松比参照 UO₂-BeO 和 UO₂-SiC 燃料的计算方法[14,82]，UO₂-BeO、UO₂-SiC、U₃Si₂ 燃料的物性可由之前的工作给出[14,82]。

2. 包壳材料的热和辐照蠕变

包壳材料锆合金的热蠕变模型来自 Hayes 和 Kassner 的研究[89]:

$$\dot{\varepsilon}_{ss} = A_0 \left(\frac{\sigma_m}{G} \right)^n \exp\left(\frac{-Q}{RT} \right) \tag{2-94}$$

其中, $\dot{\varepsilon}_{ss}$ 为有效蠕变率(s^{-1}); σ_m 为有效应力(Pa); Q 为活化能(J/mol); R 为摩尔气体常数; G 为与温度相关的参数; A_0 为常数(3.14×10^{24}s^{-1})。考虑锆合金各向异性的材料性质, 其有效应力计算为

$$\sigma_m = \sqrt{F_{Hill}(\sigma_\phi - \sigma_z)^2 + G_{Hill}(\sigma_z - \sigma_r)^2 + H_{Hill}(\sigma_r - \sigma_\phi)^2} \tag{2-95}$$

其中, F_{Hill}、G_{Hill} 和 H_{Hill} 为希尔各向异性参数, 取值分别为 0.773、0.532 和 0.195; r、ϕ、z 分别为径向、角向、轴向。

由于辐照导致的蠕变与快中子通量和应力有关[90]:

$$\dot{\varepsilon}_{ir} = C_0 \Phi^{C_1} \sigma_m^{C_2} \tag{2-96}$$

其中, $\dot{\varepsilon}_{ir}$ 为有效辐照蠕变率(s^{-1}); C_0、C_1、C_2 为材料常数; Φ 为快中子通量 [n/(m^2·s)]; σ_m 为有效应力(Pa)。

3. 燃料在压水堆正常运行工况下的性能

通过 COMSOL 有限元平台建立上述计算模型, 本节主要对 UO$_2$、UO$_2$-5%Mo、UO$_2$-4.2%BeO、UO$_2$-10%SiC 及 U$_3$Si$_2$ 燃料运用于轻水堆正常工况下的性能进行初步分析, 统一采用 UO$_2$-Zr 燃料棒的尺寸, 燃料半径为 4.1mm, 气隙大小为 80μm, 燃料棒内汇流槽高度与燃料棒高度比为 0.045。采用二维的轴对称计算模型, 堆芯的功率在 3h 内线性增加到 200W/cm, 然后保持不变。相应的输入参数与表 2.3 一致。本节将对各个燃料在正常工况下的燃料温度和包壳温度、气隙大小变化、裂变气体释放量及燃料棒内压等性能进行分析。

图 2-40 所示的是各个燃料在 200MW·h/kg U 燃耗时的径向温度分布图, 从图中可以看出, 考虑的四种容错燃料的中心温度均低于 UO$_2$ 燃料的中心温度, 其中 U$_3$Si$_2$ 具有最低的燃料中心温度, 而相比 UO$_2$-4.2%BeO 和 UO$_2$-10%SiC 复合燃料, 微型 UO$_2$-5%Mo 燃料具有更低燃料中心温度。

图 2-41 所示为各个燃料棒中的气隙变化, 从图中可以看出, 金属燃料由于热膨胀系数较大, 因而气隙闭合最早, 而 UO$_2$-5%Mo、UO$_2$-4.2%BeO 和 UO$_2$-10%SiC 燃料相比 UO$_2$ 燃料可以有效推迟气隙闭合时间, 从而有效延迟燃料与包壳的力学相互作用, 进而有望提升反应堆安全性。

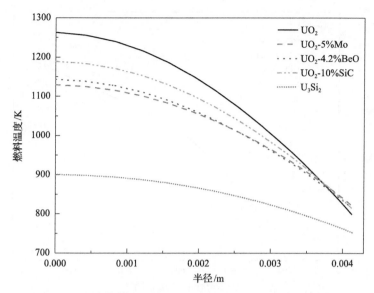

图 2-40　各个燃料在 200MW·h/kg U 燃耗时的径向温度分布

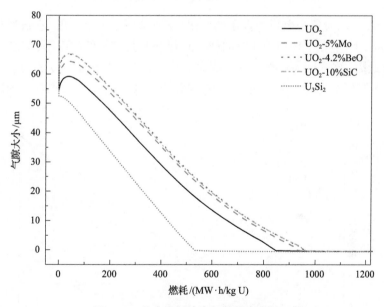

图 2-41　各个燃料棒中气隙的变化情况

　　图 2-42 所示为各个燃料的裂变气体释放量的变化情况，从图中可以看出，与前面的燃料温度分布相对应，金属燃料具有最少的裂变气体的产生量，然后依次为 UO₂-5%Mo、UO₂-4.2%BeO、UO₂-10%SiC 和 UO₂。

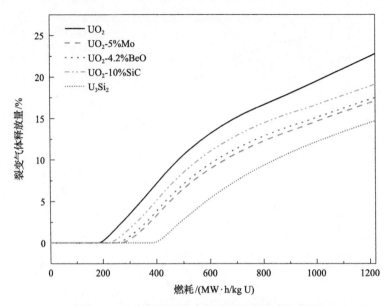

图 2-42　各个燃料的裂变气体释放量的变化情况

图 2-43 所示为各个燃料棒内压的变化情况，从图中可以看出，在低燃耗区间，UO_2-5%Mo、UO_2-4.2%BeO 和 UO_2-10%SiC 燃料都具有最低的内压，U_3Si_2 金属燃料棒内压最高，这是因为该燃料热膨胀系数最大，气隙闭合时间最早。其次是 UO_2 燃料。随着燃耗的增加，在燃耗接近 800MW·h/kg U 以后，UO_2 燃料棒内压最高，

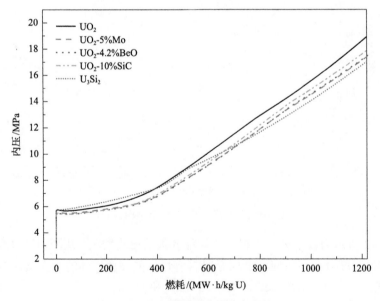

图 2-43　各个燃料棒内压的变化情况

然后分别是 UO_2-10%SiC、UO_2-4.2%BeO 和 UO_2-5%Mo 燃料，U_3Si_2 金属燃料棒内压最低。这些变化发生在气隙闭合前后。因而燃料棒的内压不仅与温度有关，还受燃料棒热膨胀系数以及材料蠕变性能的影响。

2.4.4　小结

基于目前国外对微型 UO_2-Mo 事故容错燃料物性的报道，本节对热性能增强的微型 UO_2-5%Mo 燃料应用于压水堆正常工况下的燃料性能进行了初步分析，并与先前分析的 UO_2 燃料，UO_2-4.2%BeO、UO_2-10%SiC 复合燃料，U_3Si_2 金属燃料的性能进行了对比分析，包括燃料与包壳的温度变化、气隙大小变化、裂变气体的释放、燃料棒内压等。结论如下：

(1) U_3Si_2 具有最低的燃料中心温度，但由于热膨胀系数过大，气隙闭合时间最早，在早期燃耗区间内，燃料棒的内压最大。

(2) UO_2-4.2%BeO、UO_2-10%SiC 复合燃料以及微型 UO_2-5%Mo 燃料都能有效延长气隙闭合时间，因而能够有效延缓燃料与包壳的力学相互作用。

(3) 考虑的四种事故容错燃料都能有效降低燃料中心温度以及减少裂变气体释放。而相比 UO_2-4.2%BeO 和 UO_2-10%SiC 复合燃料，微型 UO_2-5%Mo 燃料具有更低的燃料中心温度、更少的裂变气体的释放量及更低的内压，具有更优的综合性能，因而有望应用为事故容错燃料。

目前所采用的 UO_2-Mo 燃料行为模型还不完善，如辐照肿胀、蠕变以及裂变气体的释放模型等，这也是今后需要完善的内容。

参 考 文 献

[1] Bailly H, Menessier D, Prunier C, The Nuclear Fuel of Pressurized Water Reactors and Fast Reactors Design and Behaviour. Hampshire, UK: Intercept Ltd, 1999.

[2] Belle J. Uranium Dioxide: Properties and Nuclear Applications, 1961, Germantown: US AEC.

[3] Frost B R T. Nuclear Fuel Elements: Design. Oxford: Pergamon Press, 1982.

[4] Holden R B. Ceramic Fuel Elements. New York: Gordon and Breach Science Publishers, 1966.

[5] Cartas A, Wang H, Subhash G, et al. Influence of carbon nanotube dispersion in UO_2-carbon nanotube ceramic matrix composites utilizing Spark Plasma sintering. Nucl Technol, 2015, 189 (3): 258-267.

[6] Chen Z, Subhash G, Tulenko J S. Spark plasma sintering of diamond-reinforced uranium dioxide composite fuel pellets. Nucl Eng Des, 2015, 294: 52-59.

[7] Cooper M W D, Middleburgh S C, Grimes R W. Modelling the thermal conductivity of $(U_xTh_{1-x})O_2$ and $(U_xPu_{1-x})O_2$. J Nucl Mater, 2015, 466: 29-35.

[8] Yeo S, Baney R, Subhash G, et al. The influence of SiC particle size and volume fraction on the thermal conductivity of spark plasma sintered UO_2-SiC composites. J Nucl Mater, 2013, 442: 245-252.

[9] Yang J H, Kim D J, Kim K S, et al. UO_2-UN composites with enhanced uranium density and thermal conductivity. J Nucl Mater, 2015, 465: 509-515.

[10] Latta R, Revankar S T, Solomon A A. Modeling and measurement of thermal properties of ceramic composite fuel for light water reactors. Heat Transf Eng, 2008, 29（4）: 357-365.

[11] Kim D J, Rhee Y W, Kim J H, et al. Fabrication of micro-cell UO_2-Mo pellet with enhanced thermal conductivity. J Nucl Mater, 2015, 462: 289-295.

[12] Slack G A. Non-metallic crystals with high thermal conductivity. J Phys Chem Solids, 1973, 34: 321-335.

[13] Kuchibhotla H S. Enhanced Thermal Conductivity Oxide Fuels: Compatibility and Novel Fabrication Techniques Using BeO. Lafayette: Purdue University, United States, 2004.

[14] Liu R, Zhou W, Shen P, et al. Fully coupled multiphysics modeling of enhanced thermal conductivity UO_2-BeO fuel performance in a light water reactor. Nucl Eng Des, 2015, 295: 511-523.

[15] Lucuta P G, Matzke H, Hastings I J. A pragmatic approach to modelling thermal conductivity of irradiated UO_2 fuel: review and recommendations. J Nucl Mater, 1996, 232（2/3）: 166-180.

[16] Fink J K. Thermophysical properties of uranium dioxide. J Nucl Mater, 2000, 279（1）: 1-18.

[17] Yeo S. Uranium Dioxide-silicon Carbide Composite Reactor Fuels with Enhanced Thermal and Mechanical Properties Prepared by Spark Plasma Sintering. Gainesville: University of Florida, United States, 2013.

[18] Da Silva L W, Kaviany M. Micro-thermoelectric cooler: interfacial effects on thermal and electrical transport. Int J Heat Mass Transf, 2004, 47（10/11）: 2417-2435.

[19] Hasselman D P H, Johnson L F. Effective thermal conductivity of composites with interfacial thermal barrier resistance. J Compos Mater, 1987, 21（6）: 508-515.

[20] Swartz E T, Pohl R O. Thermal boundary resistance. Rev Mod Phys, 1989, 61: 605-668.

[21] Wang B T, Zhang P, Lizárraga R, et al. 2013. Phonon spectrum, thermodynamic properties, and pressure-temperature phase diagram of uranium dioxide. Phys Rev B, 88: 104-107.

[22] Riou P, Denoual C, Cottenot C E. Visualization of the damage evolution in impacted silicon carbide ceramics. Int J Impact Eng, 1998, 21: 225-235.

[23] Geelhood K J, Luscher W G, Beyer C E, et al. FRAPTRAN 1.4: A Computer Code for the Transient Analysis of Oxide Fuel Rods, 2011, NUREG/CR-7023.

[24] Touloukian Y S, Powell R W, Ho C Y, et al. Thermophysical Properties of Matter. Thermal Conductivity: Nonmetallic Solids. New York: IFI/Plenum, 1970.

[25] Carbajo J, Gradyon L, Popov S, et al. A review of the thermophysical properties of MO_X and UO_2 fuels. J Nucl Mater, 2011, 299: 181-198.

[26] Chandramouli D, Revankar S T. Development of thermal models and analysis of UO_2-BeO fuel during a loss of coolant accident. Int J Nucl Energy, 2014, 2014: 1-9.

[27] International Atomic Energy Agency. Thermophysical properties of materials for nuclear engineering: a tutorial and collection of data. IAEA technical document, IAEA-THPH, 2008.

[28] Martin D G. The thermal expansion of solid UO_2 and （U, Pu） mixed oxides—a review and recommendations. J Nucl Mater, 1988, 152（2/3）: 94-101.

[29] Soga N. Elastic constants of polycrystalline BeO as a function of pressure and temperature. J Am Ceram Soc, 1969, 52（5）: 246-249.

[30] IAEA-TECDOC-1496. Thermophysical properties database of materials for light water reactors and heavy water reactors, 2006, IAEA, Vienna.

[31] EG&G Idaho Inc. MATPRO 9 Handbook of Material Properties for Use in the Analysis of Light Water Fuel Rod Behavior （No. TREE-NUREG-1005）. Idaho National Engineering Laboratory, 1976, Idaho Falls, ID, USA.

[32] Folsoma C, Xing C, Jensena C, et al. Experimental measurement and numerical modeling of the effective thermal conductivity of TRISO fuel compacts. J Nucl Mater, 2015, 458: 198-205.

[33] Hales J D, Williamson R L, Novascone S R, et al. Multidimensional multiphysics simulation of TRISO particle fuel. J Nucl Mater, 2013, 443: 531-543.

[34] Liu R, Prudil A, Zhou W, et al. Multiphysics coupled modeling of light water reactor fuel performance. Prog Nucl Energ, 2016, 91: 38-48.

[35] Xu W, Kozlowski T, Hales J D. Neutronics and fuel performance evaluation of accident tolerant FeCrAl cladding under normal operation conditions. Ann Nucl Energy, 2015, 85: 763-775.

[36] Carmack J, Goldner F. Forward for special JNM issue on accident tolerant fuels for LWRs. J Nucl Mater, 2014, 448 (1/3): 373.

[37] Ott L J, Robb K, Wang D. Preliminary assessment of accident-tolerant fuels on LWR performance during normal operation and under DB and BDB accident condition. J Nucl Mater, 2014, 448 (1): 520-533.

[38] Zinkle S J, Terrani K A, Gehin J, et al. Accident tolerant fuels for LWRs: a perspective. J Nucl Mater, 2014, 448 (1): 374-379.

[39] Samoilov A G, Kashtanov A I, Volkov V S. Dispersion-Fuel Nuclear Reactor Elements. Jerusalem: Israel Program for Scientific Translations, Engl Translation: Aladjem, 1965.

[40] Metzger K E. Analysis of pellet cladding interaction and creep of U_3Si_2 fuel for use in light water reactors. Columbia: University of South Carolina, United States, 2016.

[41] Pint B A, Terrani K A, Brady M P, et al. High temperature oxidation of fuel cladding candidate materials in steam-hydrogen environments. J Nucl Mater, 2013, 440: 420-427.

[42] Terrani K A, Karlsen T M, Yamamoto Y. Report on Design and Preliminary Data of Halden In-Pile Creep Rig, ORNL/TM-2015/507.

[43] Galloway J, Unal C. Accident-tolerant-fuel performance analysis of apmt steel clad/UO_2 fuel and apmt steel clad/$UN-U_3Si_5$ fuel concepts. Nucl Sci Eng, 2015, 182: 523-537.

[44] Sweet R, George N, Terrani K A, et al. BISON fuel performance analysis of FeCrAl cladding with updated properties, ORNL/TM-2016/475.

[45] Gamble K A, Barani T, Pizzocri D, et al. An investigation of FeCrAl cladding behavior under normal operating and loss of coolant conditions. J Nucl Mater, 2017, 491: 55-66.

[46] Chen S, Yuan C. Neutronic analysis on potential accident tolerant fuel-cladding combination U_3Si_2-FeCrAl. Sci Technol Nucl Install, 2017, 2017: 1-12.

[47] Nelson A T, Migdisovc A, Sooby Wood E, et al. U_3Si_2 behavior in H_2O environments: Part II, pressurized water with controlled redox chemistry. J Nucl Mater, 2018, 500: 81-91.

[48] Shimizu H. The properties and irradiation behavior of U_3Si_2. Technical Report NAA-SR-10621, Atomics International, 1965.

[49] Matos J E, Snelgrove J L. Research reactor core conversion guidebook-Vol 4: Fuels (Appendices I-K), Technical Report IAEA-TECDOC-643, 1992.

[50] Finlay M R, Hofman G L, Snelgrove J L. Irradiation behaviour of uranium silicide compounds. J Nucl Mater, 2004, 325(2/3): 118-128.

[51] Rashid Y, Dunham R, Montgomery R. Fuel analysis and licensing code: FALCON MOD01, Technical Report EPRI 1011308, Electric Power Research Institute, 2004.

[52] Taylor K M, McMurtry C H. Synthesis and Fabrication of Refractory Uranium Compounds, Monthly Progress Report No. 8, 1960.

[53] Weaver M L. Deformation and Fracture of Crystalline and Non-crystalline Solids: Creep and Plasticity, 2012.

[54] Hertzberg R W. Deformation and Fracture Mechanics of Engineering. 5th ed. New York: Wiley and Sons, 2013.

[55] Prudil A. FAST: A fuel and sheath modeling tool for CANDU reactor fuel. Ontario Kingston: Royal Military College of Canada, 2013.

[56] Hales J D, Gamble K A. Modeling accident tolerant fuel concepts. Idaho National Laboratory report, 2016.

[57] Long Y. Modeling the performance of high burnup Thoria and Urania PWR fuel. Boston: Massachusettes Institute of Technology, United States, 2002.

[58] Björk K I, Kekkonen L. Thermal-mechanical performance modeling of thorium-plutonium oxide fuel and comparison with on-line irradiation data. J Nucl Mater, 2015, 467: 876-885.

[59] Mieloszyk A J. Assessing thermo-mechanical performance of ThO_2 and SiC clad light water reactor fuel rods with a modular simulation tool.Boston: Massachusettes Institute of Technology, United States, 2015.

[60] Tucker L P, Usman S. Thorium-based mixed oxide fuel in a pressurized water reactor: aburnup analysis with MCNP. Ann Nucl Energy, 2018, 111: 163-175.

[61] Sokolov F, Fukuda K, Nawada H P. Thorium fuel cycle-potential benefits and challenges. IAEA TECDOC 1450, Vienna, 2005.

[62] Sukjai Y. Silicon carbide performance as cladding for advanced Uranium and Thorium fuels for light water reactors. Cambridge: Massachusetts Institute of Technology, United States, 2014.

[63] Belle J, Berman R M. Thorium dioxide: properties and nuclear applications. US DOE assistant secretary for nuclear energy, 1984, DOE/NE-0060.

[64] Dobisesky J P. Reactor physics considerations for implementing silicon carbide cladding into a PWR environment. Cambridge: Massachusetts Institute of Technology, United States, 2011.

[65] Avincola V A, Guenoun P, Shirvan K. Mechanical performance of SiC three-layer cladding in PWRs. Nucl Eng Des, 2016, 310: 280-294.

[66] Deck C P, Jacobsen G M, Sheeder J, et al. Characterization of SiC-SiC composites for accident tolerant fuel cladding. J Nucl Mater, 2015, 466: 667-681.

[67] Lee Y, Kazimi M S. A structural model for multi-layered ceramic cylinders and its application to silicon carbide cladding of light water reactor fuel. J Nucl Mater, 2015, 458: 87-105.

[68] Zhang T, Yue R, Wang X, et al. Failure probability analysis and design comparison of multi-layered SiC-based fuel cladding in PWRs. Nucl Eng Des, 2018, 330: 463-479.

[69] Stone J G, Schleicher R, Deck C P, et al. Stress analysis and probabilistic assessment of multi-layer SiC-based accident tolerant nuclear fuel cladding. J Nucl Mater, 2015, 466: 682-697.

[70] Freeman R A. Analysis of pellet-cladding mechanical interaction on U_3Si_2 fuel with a multi-layer SiC cladding using BISON. Columbia: University of South Carolina, United States, 2018.

[71] Li W, Shirvan K. ABAQUS analysis of the SiC cladding fuel rod behavior under PWR normal operation conditions. J Nucl Mater, 2019, 515: 14-27.

[72] Cozzo C, Staicu D, Somers J, et al. Thermal diffusivity and conductivity of thorium-plutonium mixed oxides. J Nucl Mater, 2011, 416: 135-141.

[73] Gibby R L. The effect of plutonium content on the thermal conductivity of (U, Pu) O_2 solid solutions. J Nucl Mater, 1971, 38(2): 163-177.

[74] Bakker K, Cordfunke E H P, Konings R J M, et al. Critical evaluation of the thermal properties of ThO_2 and $Th_{1-y}U_yO_2$ and a survey of the literature data on $Th_{1-y}U_yO_2$. J Nucl Mater, 1997, 250: 1-12.

[75] Hagrman D L, Reymann G A. Matpro-version 11: A handbook of materials properties for use in the analysis of light water reactor fuel rod behavior, Idaho National Engineering Lab. Idaho Falls, 1979.

[76] Bell J S. Thorium-based nuclear fuel performance modelling with multi-pellet material fuel and sheath modelling tool.Kingston, Ontario: Royal Military College of Canada, Canada, 2017.

[77] Snead L L, Nozawa T, Katoh Y, et al. Handbook of SiC properties for fuel performance modeling. J Nucl Mater, 2007, 371 (1/3): 329-377.

[78] Singh G, Terrani K, Katoh Y. Thermo-mechanical assessment of full SiC/SiC composite cladding for LWR applications with sensitivity analysis. J Nucl Mater, 2018, 499: 126-143.

[79] Katoh Y, Snead L L, Nozawa T, et al. Thermophysical and mechanical properties of near-stoichiometric fiber CVI SiC/SiC composites after neutron irradiation at elevated temperatures. J Nucl Mater, 2010, 403 (1/3): 48-61.

[80] Katoh Y, Snead L L, Cheng T, et al. Radiation-tolerant joining technologies for silicon carbide ceramics and composites. J Nucl Mater, 2014, 448 (1/3): 497-511.

[81] Newsome G, Snead L L, Hinoki T, et al. Evaluation of neutron irradiated silicon carbide and silicon carbide composites. J Nucl Mater, 2007, 371 (1/3): 76-89.

[82] Liu R, Zhou W, Prudil A, et al. Multiphysics modeling of UO_2-SiC composite fuel performance with enhanced thermal and mechanical properties. Appl Therm Eng, 2016, 107: 86-100.

[83] 许多挺, 刘彤, 任啟森, 等. 事故容错燃料芯块热学性能分析. 核动力工程, 2016, 37 (2): 82-86.

[84] Ross A M, Stoute R L. Heat transfer coefficient between UO_2 and Zircaloy-2. Chalk River: Atomic Energy of Canada Limited, 1962.

[85] Olander D R. Fundamental Aspects of Nuclear Reactor Fuel Elements. Berkeley: Technical Information Center, Energy Research and Development Administration, 1976.

[86] White R J, Tucker M O. A new fission-gas release model. J Nucl Mater, 1983, 118: 1-38.

[87] Allison C M, Berna G A, Chambers R, et al. SCDAP/RELAP5/MOD3.1 code manual, volumeⅣ: MATPRO-a library of materials properties for light-water-reactor accident analysis.Idaho National Engineering Laboratory, 1993.

[88] Fink. Thermophysical properties of wranium dioxide. J Nucl Master, 2000, 279 (1): 1-18.

[89] Hayes T A, Kassner M E. Creep of zirconium and zirconium alloys. Metallurgical and Materials Transactions A, 2006, 37: 2389-2396.

[90] Hoope N E. Engineering model for zircaloy creep and growth, Avignon, France, 1991.

第 3 章　事故容错燃料中子物理研究

3.1　压水堆事故容错燃料 SiC 包壳组件中子物理分析

2011 年福岛第一核电站事故中，燃料棒锆合金包壳发生锆水反应产生大量氢气，引起爆炸事故，对周围环境产生非常恶劣的影响。此后，事故容错燃料(ATF)成为核领域学者们的重点研究对象[1,2]。现阶段 ATF 的主要研究方向有三个：①研发新型燃料，降低裂变产物泄漏及堆芯熔融等重大事故发生概率；②选用新包壳材料完全替换锆合金包壳；③增加锆合金包壳外部涂层或者微调合金元素配比，降低锆合金氧化能力。

新型燃料方面，美国橡树岭国家实验室已经开展针对全陶瓷微型胶囊(FCM)燃料栅元的全堆芯循环长度、温度系数以及瞬态工况研究[3,4]；有学者已经证实新型 UN 燃料的中子物理学可行性[5]。包壳新材料方面，有学者选用奥氏体 310 型(310SS)、304 不锈钢以及高级钼合金(TZM)作为包层材料，进行中子物理参数评估[6,7]；也有学者发现 FeCrAl 包壳能够展平轴向温度分布，并且延缓气隙的闭合[8]。锆合金外涂层方面，已有学者采用热喷涂及冷喷涂技术，在锆合金表层喷涂 Ti_3AlC_2 以及在锆铌合金外部喷涂 TiAlN[9]，研究瞬态事故时这些事故容错燃料的安全性[10,11]。

SiC 材料性能优越，耐高温，抗蠕变，抗氧化以及化学惰性好[12-14]，也是事故容错燃料包壳的主要候选材料之一[15,16]，麻省理工学院已经对 SiC 包壳事故容错燃料热工特性以及辐照特性等方面做出一定的理论研究[17,18]，同时，也有学者开展基于 SiC 包壳事故容错燃料的实验研究[19]。

研究发现 SiC 包壳与 UO_2、慢化剂以及冷却剂相容性较好，能够避免氢爆，除热导率以外，SiC 的其他物理特性受辐照影响不大。下面将采用确定论程序 DRAGON 对压水堆 SiC 包壳事故容错燃料组件进行中子物理学分析[20, 21]。

3.1.1　组件设计参数

本节中采用的组件结构如图 3-1 所示，考虑组件对角对称以及反射对称，只对 1/8 组件进行建模。表 3-1 与表 3-2 为压水堆稳态时相关参数。

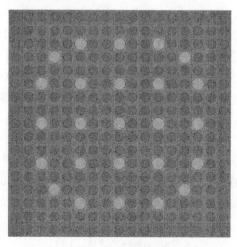

图 3-1　组件结构

表 3-1　SiC 包壳和锆合金包壳组件设计参数

组件参数	SiC 包壳组件	锆合金包壳组件
燃料组件棒排列	17×17	17×17
导向管数目	24	24
测量管数目	1	1
栅元栅距/mm	12.6	12.6
组件栅距/mm	215	215
组件内燃料棒数	264	264
功率系数/(kW/kg)	39.98	39.98

表 3-2　压水堆基准设计参数

参数	数值
冷却剂进口温度/K	565
气体热导率/[W/(m^2·K)]	7500
气体隔层厚度/cm	0.0103
包壳厚度/cm	0.057
冷却剂流速/(m/s)	5.5
全功率期间平均冷却剂温度/K	583
全功率期间平均燃料温度/K	907

3.1.2　SiC 包壳设计参数

选择普通锆合金包壳组件作为参照，另外设计两种 SiC 包壳，第一种是直接

替换普通锆合金材料，燃料、包壳厚度与锆合金燃料保持一致；另一种 SiC 包壳
燃料考虑到 SiC 材料的低热导率[锆合金：15～20W/(m·K)，辐照后 SiC：2～
8W/(m·K)]以及工业制造成本，在燃料中加入高热导率材料 BeO，其中 BeO 体
积分数为 10%，并且将包壳厚度由通常的 0.057cm 增加至 0.089cm。这是因为考
虑到 SiC 材料易碎，加工难度大，因此将 UO₂/BeO 组的 SiC 包壳厚度增大到
0.089cm。BeO 在高温状态下化学惰性较好，中子俘获截面小，慢化能力好，研究
表明，引入体积分数为 10%的 BeO，燃料芯块温度下降约 100K，本节主要研究
SiC 材料，暂未对 BeO 中子物理特性做深入探讨。包壳详细参数见表 3-3～表 3-5。
为保证三种类型的组件 ^{235}U 装载量相同，三种组件燃料富集度设置如表 3-3 所示。
富集度主要计算公式如下所示：

$$c_5 = \left[1 + 0.9874 \times \left(\frac{1}{\varepsilon} - 1 \right) \right]^{-1} \tag{3-1}$$

$$M_{UO_2} = M_{^{235}U} \times c_5 + M_{^{238}U} \times (1 - c_5) + 2 \times M_O \tag{3-2}$$

$$\rho_m = v_{BeO} \times \rho_{BeO} + v_{UO_2} \times \rho_{UO_2} \tag{3-3}$$

$$W_{UO_2} = \frac{v_{UO_2} \times \rho_{UO_2}}{\rho_m} \tag{3-4}$$

$$W_U = W_{UO_2} \times \frac{M_U}{M_{UO_2}} \tag{3-5}$$

$$W_{^{235}U} = W_U \times \varepsilon \tag{3-6}$$

其中，c_5 为 ^{235}U 核子数与(^{235}U+^{238}U)核子数之和的比值；ε 为燃料富集度；W 为
质量分数。

表 3-3　三种燃料和包壳基本参数

	锆合金包壳	SiC 包壳-UO₂ 燃料	SiC 包壳-UO₂/BeO 燃料
包壳厚度/cm	0.057	0.057	0.089
富集度/%	3.393	3.393	3.749
气隙厚度/cm	0.0103	0.0103	0.0103
包壳材料密度/(g/cm³)	6.55	2.58	2.85
热中子吸收截面/barns	0.20	0.086	0.086

注：1barns=10⁻²⁸m²。

表 3-4　两种包壳材料组成成分(%)

材料		Fe	Cr	Zr	Sn	Si	C
材料一	锆合金	0.15①	0.1①	98.26①	1.49①		
	碳化硅					70.08①	29.92①
材料二	锆合金	0.24②	0.17②	98.43②	1.15②		
	碳化硅					50②	50②

①质量分数；②原子分数

表 3-5　UO$_2$/BeO 燃料相关参数

参数	数值
BeO 原子分数/%	9.51
BeO 密度/(g/cm^3)	2.85
100%UO$_2$ 热导率	$257.99 \times T^{-0.627}$
90%UO$_2$+10%BeO 热导率	$497.6 \times T^{-0.679}$
91%UO$_2$+9%BeO 热导率	$443.32 \times T^{-0.67}$

注：T 的范围为 273~2073K

选用表 3-6 的 6 组扰动温度进行慢化剂以及燃料反应性温度系数计算。

表 3-6　反应性温度系数计算的温度扰动

冷却剂温度扰动/K		燃料温度扰动/K	
SiC/UO$_2$ 组	Zr 组与 SiC/BeO$_2$ 组	SiC/UO$_2$ 组	Zr 组与 SiC/BeO$_2$ 组
560	560	1235	1187
570	570	1285	1237
580	580	1335	1287
590	590	1385	1337
600	600	1435	1387
610	610	1485	1437

3.1.3　结果分析

本节主要从组件热中子能谱、重要的中子物理参数、可燃毒物棒的影响、中子通量以及功率分布出发，研究 SiC 包壳事故容错燃料组件的中子物理性能。

图 3-2 与图 3-3 表示三种燃料组件的中子能谱曲线。其中中子通量计算区域为燃料棒轴向垂直截面处。图 3-2 表示在燃耗初期 0~4eV 中子能谱，并将图 3-2 中的 0~0.62eV 部分放大显示。由图 3-2 可观察到，Zr 组的热中子能谱明显硬于 SiC 组以及 SiC/BeO 组。图 3-3 表示燃耗末期 0~4eV 中子能谱图，小图同样为 0~0.62eV 部分的放大图，与图 3-2 相比，图 3-3 中三种类型的能谱差异变小，且热

中子通量相比图 3-2 降低了约 0.1，这主要是因为 ^{235}U 的消耗以及吸收性裂变产物的积累。因为 SiC 组与 SiC/BeO 组在初期的热中子通量较高，所以热中子通量减少更为明显。SiC 材料较低的中子俘获截面有助于软化热中子能谱，因此 SiC 材料有助于提升组件经济性。

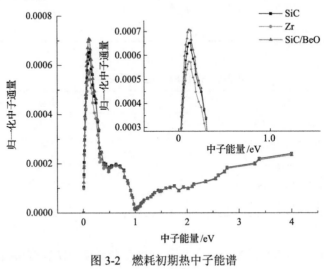

图 3-2　燃耗初期热中子能谱

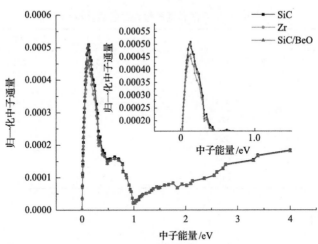

图 3-3　燃耗末期热中子能谱

图 3-4 表示组件内 ^{239}Pu 的含量变化趋势，可发现 Zr 组中较硬的中子能谱使 ^{239}Pu 的积累速度相对更快。由于 ^{239}Pu 对反应性影响较为显著，可推断在燃耗末期，^{239}Pu 将会使反应性有轻微的增加。

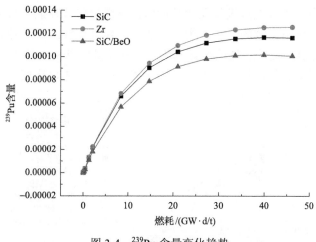

图 3-4　^{239}Pu 含量变化趋势

下面通过将多组不同富集度的 Zr 包壳燃料组件无限增殖因数变化趋势与 SiC 组进行对比，量化研究 SiC 包壳对富集度的影响（图 3-5）。初始 Zr 组与 SiC 组富集度都为 3.393%，其余 6 组 Zr 合金包壳燃料富集度逐次增加。除富集度以外，其他组件参数与表 3-4 保持一致。由图 3-5 可知，所有组件类型的无限增殖因数走势都比较类似，在燃耗初期，无限增殖因数曲线稍有震荡，这主要是由氙中毒引起，此时 SiC 组与 3.643% 富集度的 Zr 组比较接近。随着燃耗的增加，SiC 组将会在燃耗末期接近 3.443% 富集度的 Zr 组。由此可得，在其他条件相同的情况下，SiC 包壳将减少大约 0.05%~0.25% 的 ^{235}U 富集度。同时，无功率调节条件下，由于 SiC 组相对较软的中子能谱，它的 ^{235}U 消耗较 Zr 组更快。

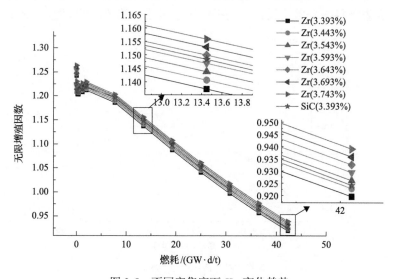

图 3-5　不同富集度下 K_{inf} 变化趋势

上述研究中，组件都未进行反应性调节，下面将研究在插入可燃毒物棒的条件下，组件无限增殖因数的变化。图 3-6 表示在组件中插入不同数目可燃毒物棒时，组件无限增殖因数随燃耗的变化趋势。由图可观测到 SiC 组与 Zr 组变化趋势类似，随着可燃毒物棒的插入，SiC 组的无限增殖因数明显降低，表明传统的可燃毒物棒对 SiC 包壳组件也有较好的反应性调节能力。

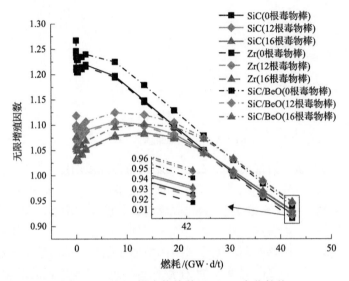

图 3-6　不同可燃毒物棒数目下 K_{inf} 变化趋势

图 3-7 表示三种燃料组件的功率峰因子随燃耗的变化趋势，由图可知，SiC/BeO 功率峰因子最高，Zr 组第二，SiC 组最低。三条曲线在初期都呈上升趋势，随后因为燃料棒功率负反馈，功率峰因子呈下降趋势。SiC 组与 Zr 组的趋势

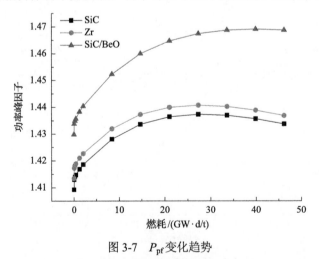

图 3-7　P_{pf} 变化趋势

比较一致，由此可推断，从功率分布调节角度而言，采用 SiC 包壳替换锆合金包壳后，功率调节手段等操作技术不需要做较大的更改。除此之外，在整个燃耗周期内，Zr 组的功率峰因子都高于 SiC 组，说明 SiC 包壳有利于展平组件内功率分布。SiC/BeO 组的功率峰因子显著高于其他两组，主要原因可能是包壳较厚以及添加了 BeO。

　　图 3-8 是 SiC 组在燃耗初期时的相对功率分布，由图 3-8 可知，靠近水洞的区域功率较低。结合图 3-8，图 3-9 描述了从燃耗初期到燃耗末期功率的变化，图 3-9 中的绿色部分代表功率降低的区域，橙色部分代表功率升高的区域。可发现随着燃耗的增加，组件外部区域功率增加，内部区域功率减少，这主要是由于 ^{235}U 在组件内部的消耗比外部更快。

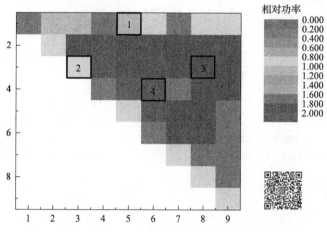

图 3-8　燃耗初期 SiC 组件内相对功率分布(彩图扫二维码)

图 3-9　燃耗末期 SiC 组件内功率变化(彩图扫二维码)

　　包壳对热中子吸收能力的差异将会反映在燃料芯块径向中子通量分布上[6,7]，下面将研究 SiC 组中不同位置的燃料芯块径向通量分布。选择图 3-8 中的 4 个被黑体粗框标记的栅元进行分析。将燃料芯块由内向外划分为 4 个等距同心圆，最里面的同心圆称为 part-1，其他依次为 part-2、part-3、part-4。

　　图 3-10 描述了燃料芯块中四个同心圆区域的归一化中子通量随燃耗变化情况，栅元在水洞附近时，part-1 圆内的中子通量最高；其他栅元中 part-4 通量最高。组件边缘区域的 part-2 比组件内部区域的 part-2 要小。由图 3-10 可得，水棒及燃料棒位置都会影响芯块内热中子通量的分布。

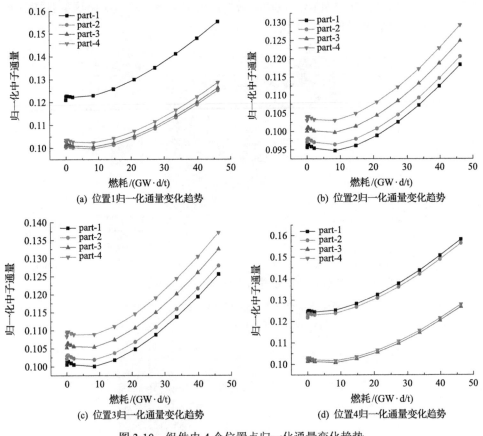

图 3-10　组件内 4 个位置点归一化通量变化趋势

　　图 3-11 与图 3-12 展示燃料芯块在燃耗初期及燃耗末期的相对裂变功率分布。由两图可发现，三种组件的分布曲线整体趋势相似。由于空间自屏效应，热中子难以穿透外部区域到达芯块内部，所以芯块外部具有较高的裂变功率。但是随着燃耗的增加，空间自屏效应导致燃料芯块外部积累较多的钚元素，因此图 3-12 中的曲线比图 3-11 中的曲线更加陡峭。Zr 组在燃耗初期裂变功率最小，燃耗末期裂

变功率与其他两组类似，这是由于锆合金热中子俘获截面较大，初期阻碍热中子进入芯块的能力最强，导致裂变功率最低，而热中子较硬的中子能谱将会使外部芯块产生更多的钚，钚元素将会在燃耗末期贡献一部分裂变功率，因此在后期三种组件的裂变功率类似。

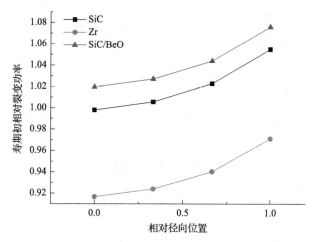

图 3-11　燃耗初期燃料棒相对径向功率分布

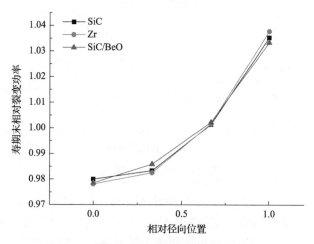

图 3-12　燃耗末期燃料棒相对径向功率分布

　　图 3-13 与图 3-14 分别是慢化剂温度系数以及燃料温度系数随燃耗的变化图。慢化剂温度系数及燃料温度系数计算公式如下：

$$\partial = \frac{\Delta\rho}{\Delta T} \tag{3-7}$$

其中，$\Delta\rho$ 为反应性变化量；ΔT 为温度变化量。

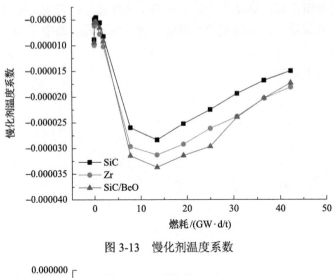

图 3-13　慢化剂温度系数

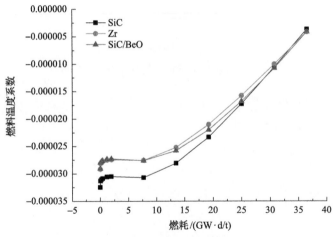

图 3-14　燃料温度系数

　　由图 3-13 可知，三种组件的慢化剂温度系数在燃耗期间都为负数，总体变化趋势为负反馈先增强再减弱。这是由于随着 ^{235}U 的消耗，^{238}U 的共振吸收能力相对增强，慢化剂温度负反馈将会更加明显，随着裂变产物的增加，慢化剂温度负反馈将被削弱。在燃耗中期，SiC/BeO 组的负反馈最强，SiC 组负反馈最弱，随着燃耗的增加，SiC/BeO 组的负反馈慢慢变弱，而 Zr 组的负反馈一直较强。

　　由图 3-14 可知，SiC 组在整个燃耗期间的负反馈都较强，Zr 组的负反馈最弱，这主要是受到 ^{239}Pu、^{241}Pu 及共振吸收的影响。

　　慢化剂温度系数以及燃料温度系数是反应堆反馈系数中最重要的组成部分，图 3-15 将两者组合成一个总温度系数，由图 3-15 可发现，燃耗初期 SiC 组的负反馈最强，燃耗中期 SiC/BeO 组负反馈最强，燃耗末期 Zr 组的负反馈最强。总体而言，燃耗初期的 SiC 包壳组件负反馈最强，随着燃耗的增加，锆合金组件的负反馈最强，因此在采用 SiC 包壳替换锆合金包壳时，应该重视 SiC 包壳引入的正反馈性。

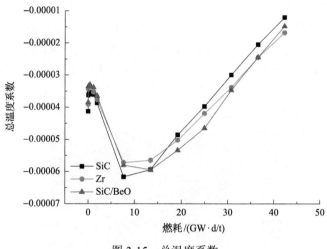

图 3-15　总温度系数

3.1.4　小结

通过热中子能谱分析，发现 SiC 包壳燃料组件的热中子能谱比锆合金包壳燃料组件更软，由此导致 SiC 包壳组件中 ^{239}Pu 的积累较少。中子物理参数研究表明，SiC 包壳具有展平组件功率分布以及减少燃料富集度的作用，且 SiC 包壳的低热中子俘获特性有利于组件达到更高的卸料燃耗。SiC 包壳组件中 4 个不同位置点的热中子通量变化趋势表明水棒及组件边界将会对芯块径向通量分布造成影响，同时 SiC 包壳对芯块裂变功率分布的影响有限。温度系数研究表明 SiC 包壳组件总温度系数在燃耗范围内为负，但是 SiC 包壳将会引入一定的正反馈。总体而言，SiC 包壳与锆合金包壳中子物理性能类似，从中子物理角度而言，替换包壳材料后，对反应堆影响较小，同时 SiC 包壳还具有较高的中子经济性以及可靠性。

3.2　压水堆 SiC 包壳燃料堆芯物理分析

在上一节的基础上，本节将聚焦 SiC 包壳燃料芯块在堆芯中的中子物理表现。结合 SiC 包壳材料特性，提出两种类型的 SiC 包壳燃料组件，基于典型压水堆燃料组件以及堆芯设计，采用组件计算程序 DRAGON 及堆芯计算程序 DONJON，探讨 SiC 包壳燃料中子物理特性。其中绘制两类 SiC 组件与锆合金组件中子能谱，对比分析堆芯总温度系数及有效增殖因数随燃耗变化趋势；分析 SiC 包壳全堆芯初始阶段轴、径向相对功率分布情况。

3.2.1　组件物理设计

图 3-16 为计算采用的典型的压水堆 17×17 燃料组件布置图。采取普通锆合金组件作为对照组，为方便下文叙述，SiC/UO₂ 为组件类型 A，SiC/BeO/UO₂ 为组件类型 B，普通锆合金为组件类型 C。每种类型的组件都分别有 3 种富集度。其中类型 A 与类型 C 有 3 种同样的富集度，类型 B 富集度不同的原因是保持其 ^{235}U 装载量与类型 A、C 相同。详见表 3-7。

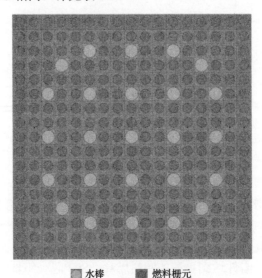

■ 水棒　　　　■ 燃料栅元

图 3-16　组件内结构布置

表 3-7　3 种类型组件富集度

	类型 A	类型 B	类型 C
富集度类型 1	2.345%	2.574%	2.345%
富集度类型 2	3.393%	3.725%	3.393%
富集度类型 3	4.443%	4.875%	4.443%

3.2.2　堆芯物理设计

图 3-17 表示 3 种燃料组件在全堆芯中的布置的 1/4 图，下文中涉及燃耗计算时暂不考虑燃料换料及改变堆芯燃料组件布置，同时未考虑控制棒等其他控制手段。

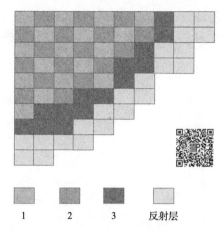

图 3-17　1/4 堆芯结构布置(彩图扫二维码)

3.2.3　结果分析

图 3-18 表示全堆芯 k_{eff} 随燃耗的变化趋势，在初始计算条件中已经保证 3 类组件的 ^{235}U 装载量相同，由图 3-18 可看出 B 组 k_{eff} 一直处于高位，A、C 两组相比较而言，A 组稍占优势，燃耗后期 3 组差距越来越小。A 组燃料温度高于 C 组，但其 k_{eff} 依旧占优势，是由于 SiC 包壳热中子俘获截面小，有利于提高热中子利用率；B 组引入 BeO 后显著降低燃料温度，同时在建模时，增加其 SiC 包壳厚度，所以其 k_{eff} 一直相对较高。

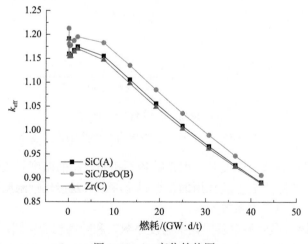

图 3-18　k_{eff} 变化趋势图

图 3-19 描绘了 3 组不同类型的组件内热中子能谱图。图 3-19(a)中子能量范围为 0～4eV，图 3-19(b)中子能量范围为 0～0.625eV，由图 3-19 分析可得，锆合

金包壳燃料组件的中子能谱较 SiC 包壳燃料组件更硬，而 A、B 两组差异很小。结果显示 SiC 包壳燃料更有利于燃料的充分利用，在相同条件下有利于降低燃料富集度，提高经济性。

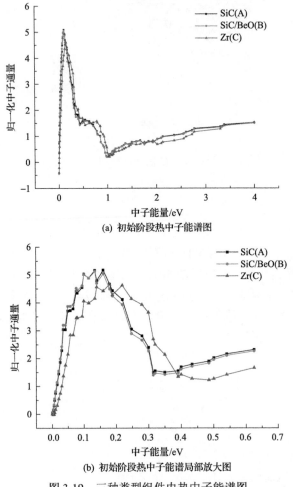

图 3-19　三种类型组件内热中子能谱图

反应堆堆芯中各成分温度及温度系数各不相同，总的温度系数等于各部分温度系数之和，在堆芯中起主要作用的是燃料温度系数及慢化剂温度系数，下面将两者之和作为堆芯总温度系数。

图 3-20 是燃料温度系数及慢化剂温度系数之和随燃耗变化图，在燃耗期间始终保持负值，锆合金类燃料温度系数较 SiC 类燃料温度系数更负，而 B 类燃料负反馈系数最小，A 类与锆合金温度系数差异相对较小。即 SiC 包壳燃料温度系数减少了负反馈系数，但是始终保持为负。B 组差异较大一部分原因是 BeO 材料本身会削弱负反馈系数，另一部分原因是其 SiC 包壳层较 A 组要厚。

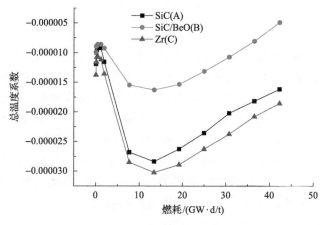

图 3-20　堆芯总温度系数图

堆芯功率分布主要从初始阶段堆芯径向功率分布及燃料棒轴向功率分布进行分析，图 3-21 描述了 3 类燃料堆芯中最热点处燃料棒的轴向相对功率分布。

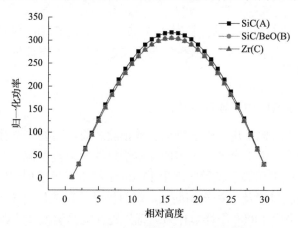

图 3-21　堆芯燃料棒轴向归一化功率分布

从图 3-21 可以看出 B、C 组燃料棒轴向功率分布几乎相同，A 组的最高功率点及不均匀程度稍大于 B、C 两组，在燃料两端，3 组差异很小，由此可见在替换为 SiC 包壳后，应该更加注意中部区域的冷却。

表 3-8 列出堆芯初始阶段功率峰因子大小，由表可看出，在未做功率调控时，B 组燃料不均匀程度最大，A 组次之，C 组表现最优，结合径向功率分布可得，在反应堆初始阶段，采用 SiC 包壳组件时应该更加注意轴向及径向功率的展平问题。

表 3-8　初始阶段径向功率峰因子

	A 组燃料堆芯	B 组燃料堆芯	C 组燃料堆芯
功率峰因子	1.4628	1.4903	1.4312

3.2.4　小结

本节提出两种以 SiC 材料为包壳的燃料组件，基于组件计算程序 DRAGON 及堆芯计算程序 DONJON，通过与锆合金包壳燃料堆芯对比，分析研究了 SiC 包壳热中子能谱、堆芯有效增殖因数随燃耗变化趋势及总温度系数随燃耗的变化趋势，初步研究了 SiC 包壳堆芯初期轴、径向功率分布，从中子物理角度验证了 SiC 材料包壳安全性。结果证实，SiC 包壳燃料与锆合金包壳燃料中子物理特性相似，满足初步的中子物理安全要求。SiC 的低热中子俘获率能带来一定的经济效益；锆合金包壳燃料热中子能谱较 SiC 包壳燃料更硬，且总温度系数也更负；SiC 材料包壳在初始阶段轴、径向功率分布不均匀程度稍高。

3.3　基于 NSGA-Ⅱ算法与机器学习的 SiC 包壳 组件装载优化研究

本节将结合 NSGA-Ⅱ算法，针对 17×17 大小规模的 SiC 包壳组件进行装载优化，并分别采用机器学习算法及确定论方法进行装载方案评价，最后将两者结果进行对比分析[22]。

3.3.1　基于机器学习的中子物理分析研究

在采用机器学习模型进行中子物理参数预测之前，需要先进行模型训练。由于真实优化问题求解中不会产生过多的样本给机器学习模型做训练，因此，针对 17×17 组件，将先采用确定论程序产生 13000 个样本用于模型训练，样本中共涉及 3 种富集度的燃料棒及 1 种水洞栅元，燃料棒具体参数如表 3-9 所述。因此，针对 SiC 包壳，采用 13000 个样本作为训练集进行机器学习算法训练，6700 个样本作为测试集评估机器学习算法的预测能力，下面将对 LightGBM 模型在 6700 个测试集的预测误差进行简要分析，以验证模型用于装载方案评价的可行性。

表 3-9　组件内栅元类型

栅元类型	表示
慢化剂通道栅元	1
1.6%富集度燃料棒栅元	2
2.4%富集度燃料棒栅元	3
4.9%富集度燃料棒栅元	4
慢化剂通道栅元	5

3.3.2　SiC 包壳组件装载优化结果分析

图 3-22 为经 13000 个样本训练后的 LightGBM 模型在测试集上的无限增殖因数预测误差分布，横坐标表示误差值，纵坐标表示落在该误差区间的误差数目。由图 3-22 可知，预测误差非常小，且绝大部分都分布在 0.00 值附近，最大预测误差也小于 0.025，表明 LightGBM 模型关于 SiC 包壳组件无限增殖因数的预测能力较好。

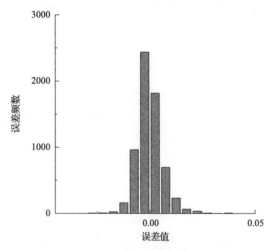

图 3-22　无限增殖因数预测误差分布

与图 3-22 类似，图 3-23 描述 LightGBM 模型针对组件功率峰因子的预测误差分布，由图 3-23 可知，功率峰因子的预测误差主要分布在 -0.02～0.02，最大预测误差小于 0.06，与无限增殖因数比较，预测精度相对较差，误差分布相对分散。结合具体误差数值，模型针对组件功率峰因子的预测误差在可接受范围内。

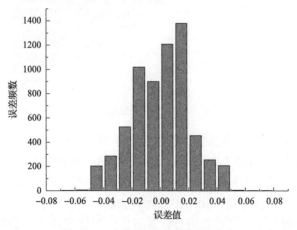

图 3-23　功率峰因子预测误差分布

在本节中，NSGA-Ⅱ算法的参数设定如下所述，图 3-24 为初始种群数 100，共进化 100 代所得到的最优个体目标函数变化趋势图，在图 3-24 进化过程中，选用确定论程序进行方案评价，图中，k_{inf} 为无限增殖因子，P_{pf} 为功率峰因子。图 3-25 为优化算法得出的最终转载方案。由图 3-24 可知，算法优化能力较为稳定，最终优化结果较好；由图 3-25 可观测到，与锆合金包壳组件最终装载方案类似，SiC 包壳组件最终优化方案主要采用编码为 4 的燃料棒。

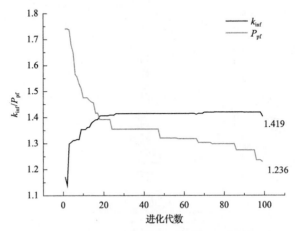

图 3-24　基于确定论的目标函数变化趋势

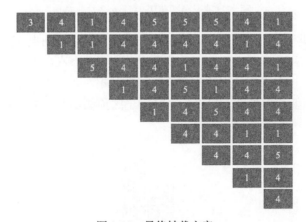

图 3-25　最终转载方案

与图 3-24 类似，图 3-26 为初始种群数 100，共进化 100 代所得到的最优个体目标函数变化趋势图，与图 3-24 不同之处在于图 3-26 选用训练好的 LightGBM 模型进行方案评价，即采用机器学习模型计算装载方案的功率峰因子及无限增殖因数。如图 3-26 所示，在最终优化结果处标记出模型预测值及真实值，真实值是将最终装载方案用确定论程序重新进行计算得出。对比最终方案的真实值与预测值可知，无限增殖因数真实值与预测值相差较小，功率峰因子误差相对较大，但是整体装载方案较优，即采用机器学习算法评价组件装载方案时，整体而言，能够驱动进化算法往预期的方向优化。

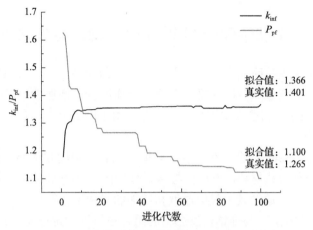

图 3-26　基于机器学习模型的目标函数变化趋势

通过上述分析，可发现采用较小样本数训练出来的机器学习模型进行组件装载方案评价时，可以保证优化算法的进化方向，并且最终的装载方案经确定论程序验证后，整体方案较优。

在研究过程中发现，同样的计算资源下，使用确定论对一个 17×17 组件装载方案进行评价需要耗时 5.9s，采用训练好的机器学习算法模型对 6700 个装载方案评价只需要耗时 0.02s，虽然需要耗时产生训练样本，但是可以发现采用规模较小的样本进行训练即可让机器学习模型满足需求。因此在更复杂的问题中，需要重复非常多次的输运方程计算时，机器学习模型可充分利用规模较小的样本进行训练，从而在优化问题中极大地加速优化进程，保证正确的优化方向，并且得到相对较优的解。

3.3.3　小结

在机器学习模型研究中，选用 13000 个样本进行模型训练得出的 LightGBM 模型针对无限增殖因数预测误差较小，对功率峰因子的预测误差相对较大，但是误差在可接受范围内。随后，选用 NSGA-II 算法进行装载优化时，分别采用确定论程序及 LightGBM 模型进行装载方案评价。研究发现无论是采用确定论程序还是 LightGBM 模型，最终的优化结果都较好，LightGBM 模型最终方案的预测值与真实值相差较小，真实结果与直接采用确定论方法作为装载方案评价方法得出的结果相比，无限增殖因数比较接近，功率峰因子稍高。因此，可发现在样本规模数较小的前提下，可得到预测能力较优的中子物理预测模型，预测能力较优的机器学习算法进行装载方案评价时，可在保证优化方向的前提下，大大缩短装载方案评价用时，在较短的时长内搜索到靠近最优方案的解，且最终解与直接采用确定论方法进行方案评价得出的解相差不大，研究结果验证了采用机器学习算法进行组件装载优化的可行性及优越性。

3.4　U_3Si_2-FeCrAl 组件中子物理特性研究

在对事故容错燃料研究中，U_3Si_2 是最有发展前途的一种。与 UO_2 相比，U_3Si_2 具有高热导率和高重金属(铀)密度，可降低操作温度、增加功率密度以延长堆芯寿命。此外，U_3Si_2 在高温水中不会分解；并且由于硅的存在，它具有较低的有害中子吸收。

在包壳方面，FeCrAl 合金在高蒸汽环境中具有高强度和优异抗氧化性，是目前研究最广的一种替代材料。然而，与锆合金相比，FeCrAl 的熔点更低，同时也有较大的中子损失。通过减小包层厚度和增加燃料浓缩，可以一定程度上抵消中子损失，克服相关缺点。与高铀密度燃料的组合也可以一定程度上补偿这种损失。

本节将 U_3Si_2 燃料芯块和 FeCrAl 合金包壳一起组合运用于一个新的船用反应堆的组件中，分析其中子物理特性和优势[23]。

3.4.1　U_3Si_2-FeCrAl 研究基础

中山大学的研究人员[24]发现，在中子经济性方面，U_3Si_2-FeCrAl 组合比 UO_2-FeCrAl 组合具有更好的性能。Hoggan 等[25]指出，在正常反应堆温度下，U_3Si_2 和 FeCrAl 不会相互作用。华南理工大学刘荣在标准压水堆中对 U_3Si_2-FeCrAl 组合进行了多物理耦合模拟，并证明新组合确实提高了核反应堆的安全性[26]。由此可见，U_3Si_2-FeCrAl 组合比较有发展前景。几种相关材料的热导率随温度变化情况如图 3-27 所示。

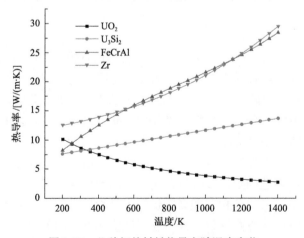

图 3-27　几种相关材料热导率随温度变化

3.4.2　U₃Si₂-FeCrAl 组件设计

在海洋环境中，船用反应堆要求较高的可靠性和较少的维护。船用反应堆不适合采用换料的运行方式，但是又要保证其具有足够长的运行寿命；其功率密度又要求足够大，本节设置为 $63\mathrm{MW/m^3}$，以提供足够的航行功率和电力，而总热功率可达 $300\mathrm{MW\cdot h}$。这些要求需要在低浓缩铀的条件下得到满足，即新燃料的浓缩度必须低于 20%。

组件采用 13×13 的布置方式，边长 16.38cm。共有 154 根燃料棒和 15 根控制棒。燃料包壳采用 U₃Si₂-FeCrAl 组合；其中燃料半径 0.4368cm，包壳厚度 300μm。具体见图 3-28。

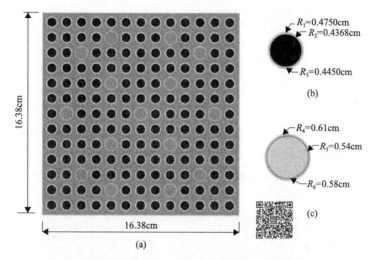

$R_1=0.4750\mathrm{cm}$
$R_2=0.4368\mathrm{cm}$
$R_3=0.4450\mathrm{cm}$
(b)

$R_4=0.61\mathrm{cm}$
$R_5=0.54\mathrm{cm}$
$R_6=0.58\mathrm{cm}$
(c)

16.38cm

16.38cm
(a)

图 3-28　U₃Si₂-FeCrAl 组件布置（彩图扫二维码）

在该组件中，正常运行工况下的硼浓度为 630ppm（ppm 为 10^{-6}）。在没有布置可燃毒物的情况下，整个设计十分简洁可靠。控制棒采用 B₄C，其中 ¹⁰B 的质量分数大于 70%；控制棒半径为 0.61cm。

3.4.3　结果分析

本节的内容主要是通过蒙特卡洛计算程序 RMC 得到的。使用 RMC 对上述的组件进行二维建模，分析其相关的中子特性。

1. 无限增殖因子

通过燃耗计算，得到了组件在不同的燃料富集度下的 k_{inf} 曲线，其结果如图 3-29 所示。将 U₃Si₂ 的富集度提到 13%时，结合 300μm 的 FeCrAl 包壳，可以达到 $95\mathrm{MW\cdot d/kg\ U}$ 的燃耗深度。经计算，此深度足够在额定功率下运行 15 年以上。

其中图中最左侧的曲线是采用标准的 UO_2 燃料和锆包壳作为参照。

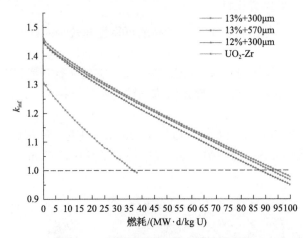

图 3-29　无限增殖因子 k_{inf} 随燃耗变化

2. 组件功率分布

对寿期初（0MW·d/t U）、寿期中（48000MW·d/t U）及寿期末（95000MW·d/t U）的组件功率分布进行统计计算，经过归一化，可以得到图 3-30～图 3-32。整体看来，功率峰因子分别为 1.08、1.06 和 1.04，数值很小，功率分布均匀，安全余量很高。

0.94	0.94	0.95	0.95	0.95	1.00	1.06	1.00	0.95	0.96	0.95	0.94	0.94
0.95	0.97	1.03	0.99	0.97		1.03		0.96	0.98	1.02	0.98	0.95
0.95	1.02		1.05	0.98	1.00	1.03	1.00	0.99	1.04		1.02	0.96
0.96	0.98	1.04	1.02	1.05	1.01	0.98	1.01	1.06	1.02	1.04	1.99	0.95
0.95	0.97	0.98	1.07		1.04	1.00	1.05		1.05	0.99	0.98	0.96
1.00	1.03	1.01	0.99	1.04	1.04	1.06	1.04	1.06	1.02	1.00	1.04	0.99
1.04		1.05	0.99	1.01	1.06		1.06	1.01	0.98	1.05		1.05
1.00	1.04	1.01	0.99	1.06	1.05	1.06	1.04	1.05	1.00	1.00	1.04	1.00
0.95	0.97	0.98	1.05		1.04	0.99	1.05		1.06	0.99	0.97	0.97
0.94	0.97	1.03	1.01	1.06	0.99	1.00	1.01	1.03	1.03	1.05	0.94	0.95
0.95	1.02		1.03	0.98	1.00	1.04	0.99	0.98	1.03		1.02	0.96
0.94	0.97	1.02	0.98	0.97		1.04		0.98	0.99	1.01	0.99	0.95
0.93	0.94	0.96	0.95	0.96	0.99	1.06	1.01	0.95	0.95	0.94	0.95	0.94

图 3-30　寿期初（0MW·d/t U）的组件功率分布

0.92	0.94	0.95	0.93	0.98	1.05	0.98	1.05	0.99	0.93	0.95	0.94	0.92
0.93	0.97	1.04	0.98	1.05		1.05		1.04	0.98	1.04	0.97	0.93
0.94	1.03		1.05	1.00	1.05	1.00	1.05	1.00	1.06		1.04	0.95
0.93	0.97	1.04	1.04	1.06	1.00	0.98	0.99	1.06	1.05	1.06	0.99	0.94
0.95	0.96	0.98	1.06		1.07	1.00	1.07		1.07	0.98	0.96	0.95
0.99	1.03	1.00	1.01	1.06	1.05	1.08	1.04	1.04	1.01	0.99	1.05	1.00
1.06		1.04	0.98	1.00	1.07		1.09	1.01	0.98	1.06		1.06
1.00	1.05	1.00	1.00	1.06	1.05	1.07	1.05	1.07	1.00	0.99	1.05	0.98
0.96	0.96	0.97	1.06		1.07	0.99	1.08		1.07	0.98	0.96	0.94
0.95	0.98	1.05	1.02	1.06		0.98	1.01	1.07	1.04	1.04	0.97	0.95
0.94	1.04		1.06	0.98	1.05	0.98	1.05	0.99	1.05		1.01	0.93
0.94	0.96	1.04	0.97	1.05		1.05		1.05	0.98	1.04	0.97	0.94
0.92	0.94	0.04	0.94	1.00	1.05	1.00	1.05	1.00	0.94	0.93	0.93	0.93

图 3-31　寿期中(48000MW·d/t U)的组件功率分布

0.96	0.97	0.97	0.97	0.98	1.00	1.03	1.00	0.98	0.97	0.97	0.96	0.96
0.98	0.98	1.01	0.99	0.98		1.03		0.98	0.98	1.01	0.98	0.97
0.98	1.01		1.02	0.99	1.00	1.03	1.00	0.98	1.02		1.02	0.96
0.98	0.99	1.01	1.02	1.03	1.01	0.99	1.01	1.04	1.02	1.02	0.99	0.95
0.97	0.99	1.00	1.02		1.04	1.00	1.03		1.02	1.00	0.98	0.97
0.99	1.01	1.00	1.01	1.04	1.03	1.03	1.03	1.03	1.01	1.02	1.03	1.00
1.02		1.00	1.00	1.01	1.04		1.04	1.01	0.99	1.01		1.02
1.01	1.02	1.00	1.01	1.04	1.04	1.04	1.02	1.04	0.99	1.00	1.02	1.00
0.98	0.98	1.00	1.03		1.03	1.01	1.03		1.03	0.99	0.99	0.96
0.96	0.99	1.02	1.02	1.03	1.01	0.99	1.00	1.03	1.02	1.02	0.99	0.96
0.97	1.02		1.02	0.99	1.02	1.02	1.00	1.00	1.03		1.01	0.98
0.97	0.98	1.01	0.99	0.98		1.03		0.99	1.00	1.01	0.99	0.96
0.96	0.96	0.07	0.97	0.98	0.99	1.02	1.00	0.98	0.98	0.98	0.98	0.96

图 3-32　寿期末(95000MW·d/t U)的组件功率分布

3. 燃料温度系数(FTC)

燃料温度系数又称多普勒温度系数；在温度变化时，燃料的中子吸收能谱会发生变化，由此影响组件反应性；其定义为燃料温度变化 1℃反应性变化的量。出于固有安全性考虑，燃料的温度系数一般应是负的。即温度升高，共振吸收增加，降低了 k_{inf}。图 3-33 是本组件的 FTC 随燃耗的变化情况，FTC 在整个寿期处于负值，且随着燃耗不断加深，其负值越大，即组件越安全。

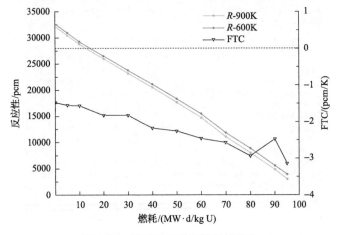

图 3-33　燃料温度系数随燃耗变化

4. 慢化剂温度系数(MTC)

慢化剂温度系数是另外一种十分重要的温度系数，其定义为慢化剂温度变化 1℃，反应性变化的量。在温度变化时，慢化剂密度会发生变化，由此改变了燃料-慢化剂之间的氢-铀原子比，并因此影响组件反应性；出于固有安全性考虑，慢化剂温度系数必须是负的，以保证反应堆处于负反馈调节。即温度升高，k_{inf}降低。图 3-34

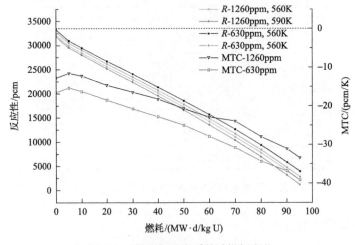

图 3-34　慢化剂温度系数随燃耗变化

是本组件的 MTC 随燃耗的变化情况。MTC 在整个寿期处于负值，且随着燃耗不断加深，其负值越大，组件越安全。

3.4.4　小结

本节主要是将 U_3Si_2-FeCrAl 组合运用于一个船用的反应堆组件的初步设计中。在满足长寿期高功率密度的要求下，该组件在不换料的条件下可以达到 95000MW·d/t U 的燃耗深度（额定功率下可运行 15 年以上）；功率密度高达 63MW/m^3。U_3Si_2-FeCrAl 组合的中子经济性较高，值得进一步研究。

在整个寿期中，其功率分布均匀，功率峰因子较小；温度系数均为负值，保证了反应堆组件的负反馈调节机制，具有较高的固有安全性。

参 考 文 献

[1] Ott L J, Robb K R, Wang D. Preliminary assessment of accident-tolerant fuels on LWR performance during normal operation and under DB and BDB accident conditions. Journal of Nuclear Materials, 2014, 448(1-3): 520-533.

[2] Zinkle S J, Terrani K A, Gehin J C, et al. Accident tolerant fuels for LWRs: a perspective. Journal of Nuclear Materials, 2014, 448(1-3): 374-379.

[3] Brown N R, Ludewig H, Aronson A, et al. Neutronic evaluation of a PWR with fully ceramic microencapsulated fuel. Part II: Nodal core calculations and preliminary study of thermal hydraulic feedback. Annals of Nuclear Energy, 2013, 62: 548-557.

[4] Brown N R, Ludewig H, Aronson A, et al. Neutronic evaluation of a PWR with fully ceramic microencapsulated fuel. Part I: Lattice benchmarking, cycle length, and reactivity coefficients. Annals of Nuclear Energy, 2013, 62: 538-547.

[5] Ahmed H, Chaudri K S, Mirza S M. Comparative analyses of coated and composite UN fuel—Monte Carlo based full core LWR study. Progress in Nuclear Energy, 2016, 93: 260-266.

[6] George N M, Terrani K, Powers J, et al. Neutronic analysis of candidate accident-tolerant cladding concepts in pressurized water reactors. Annals of Nuclear Energy, 2015, 75: 703-712.

[7] Younker I, Fratoni M. Neutronic evaluation of coating and cladding materials for accident tolerant fuels. Progress in Nuclear Energy, 2016, 88: 10-18.

[8] Wu X, Kozlowski T, Hales J D. Neutronics and fuel performance evaluation of accident tolerant FeCrAl cladding under normal operation conditions. Annals of Nuclear Energy, 2014, 85: 763-775.

[9] Bragg-Sitton S M. Light Water Reactor Sustainability Program. Advanced LWR Nuclear Fuel Cladding System Development Technical Program Plan. INL/MIS-12e, 2012, 25696.

[10] Brown N R, Wysocki A J, Terrani K A, et al. The potential impact of enhanced accident tolerant cladding materials on reactivity initiated accidents in light water reactors. Annals of Nuclear Energy, 2017, 99: 353-365.

[11] Wu X, Li W, Wang Y, et al. Preliminary safety analysis of the PWR with accident-tolerant fuels during severe accident conditions. Annals of Nuclear Energy, 2015, 80: 1-13.

[12] Katoh Y, Nozawa T, Snead L L, et al. Stability of SiC and its composites at high neutron fluence. Journal of Nuclear Materials, 2011, 417(1-3): 400-405.

[13] Terrani K A, Keiser J R, Brady M P, et al. High temperature oxidation of silicon carbide and advanced iron-based alloys in steam-hydrogen environments. TopFuel 2012, 2012.

[14] Cheng T, Keiser J R, Brady M P, et al. Oxidation of fuel cladding candidate materials in steam environments at high temperature and pressure. Journal of Nuclear Materials, 2012, 427(1-3): 396-400.

[15] Katoh Y, Ozawa K, Shih C, et al. Continuous SiC fiber, CVI SiC matrix composites for nuclear applications: properties and irradiation effects. Journal of Nuclear Materials, 2014, 448(1-3): 448-476.

[16] Deng Y, Wu Y, Qiu B, et al. Development of a new Pellet-Clad Mechanical Interaction(PCMI)model and its application in ATFs. Annals of Nuclear Energy, 2017, 104: 146-156.

[17] Bloore D A. Reactor Physics Assessment of Thick Silicon Carbide Clad PWR Fuels. MIT, 2013.

[18] Carpenter D M. An Assessment of Silicon Carbide as a Cladding Material for Light Water Reactors. MIT, 2010.

[19] Matsumiya H, Yoshioka K, Kikuchi T, et al. Reactivity measurements of SiC for accident-tolerant fuel. Progress in Nuclear Energy, 2015, 82: 16-21.

[20] Tan Z X, Cai J J. Neutronic analysis of silicon carbide cladding accident-tolerant fuel assemblies in pressurized water reactors. Nuclear Science and Techniques, 2019, 30(48): 1-9.

[21] Tan Z X, Cai J J. Neutronic analysis of accident-tolerant fuel assemblies with silicon carbide cladding in pressurized water reactors. Proceedings of the 25th International Conference on Nuclear Engineering (ICONE25), 2017, Shanghai.

[22] 谭智雄. 基于 NSGA-Ⅱ算法及机器学习的压水堆组件装载方案优化研究. 广州: 华南理工大学, 2019.

[23] Li X Z, Cai J J, Li Z F, et al. Assembly-level analyses of a long-life marine SMR loaded with accident tolerant fuel. Annals of Nuclear Energy, 2019, 133: 227-235.

[24] Chen S, Yuan C. Neutronic analysis on potential accident tolerant fuel-cladding combination U_3Si_2-FeCrAl. Science and Technology and Nuclear Installations, 2017(2): 1-12.

[25] Hoggan R, He L, Harp J M. Interdiffusion behavior of U_3Si_2 with FeCrAl via diffusion couple studies. Journal of Nuclear Materials, 2018, 502: 356-369.

[26] Liu R, Zhou W Z, Cai J J. Multiphysics modeling of accident tolerant fuel-cladding U_3Si_2-FeCrAl performance in a light water reactor. Nuclear Engineering and Design, 2018, 330: 106-116.

第4章　事故容错燃料热工水力研究

反应堆结构紧凑、热流密度大，为保证堆芯正常运行时的安全性和经济性，保证事故工况下有一定的安全裕量、严重事故下也不产生放射性泄漏，需要采用多种分析方法对反应堆进行热工水力分析，分析预测正常运行或事故工况下，堆芯冷却剂的压力、温度、流量及燃料元件的温度分布等参数的变化情况。常见的热工水力分析方法有最佳估算方法、保守评价方法、子通道分析方法、CFD 分析方法等[1]。本章主要采用最佳估算方法和子通道分析方法进行热工水力分析。

4.1　分析方法及本章研究内容和意义

4.1.1　最佳估算方法

最佳估算方法的基本思想是尽量接近物理事实，构建详细、精确的数学模型，使计算结果接近实际，并且可通过不确定性研究来分析计算结果与实际情况之间的误差。系统程序是应用最佳估算方法所必需的，国外主要的核工业发达国家开发了一系列大型商用系统程序[2]，包括 RELAP5、RETRAN、TRAC、CATHARE、ATHLET、RAMONA、TRACE 和 MARS，其中，RELAP(Reactor Excursion and Leak Analysis Program)5 是使用得最为广泛的系统程序，本章所使用的系统程序是 RELAP5/MOD3.4。RELAP5 为美国爱达荷国家实验室(Idaho National Laboratory，INL)开发的供 NRC 规程指定、注册审评计算、操作员准则评价及核电厂分析的轻水堆瞬态分析程序[3]。程序基于两流体六方程模型对轻水堆整个一回路系统进行建模，采用显式、半隐式差分格式或隐式差分格式进行求解。RELAP5 可用于轻水堆系统瞬态的模拟，包括失流事故、未能紧急停堆的预期瞬态及一般的运行瞬态，如丧失主给水、丧失厂外电源、全厂断电和汽轮机跳闸。由于 RELAP5 为高度通用程序，除用于反应堆的瞬态分析之外，RELAP5 也可用于包含气液两相混合物和不凝结气体的非核系统的热工水力瞬态分析。RELAP5 的最新版本为 RELAP5-3D，相对于其他早期版本而言，可进行一维、二维和三维水力学及反应堆中子动力学的计算，且可用于第四代反应堆如超临界水堆、熔盐堆、气冷快堆和液态金属冷却堆等的模拟[4]。

4.1.2　子通道分析方法

堆芯热工水力分析常用方法有单通道分析和子通道分析。单通道分析将堆芯中的热管视为单独的闭式通道,其中的冷却剂不与相邻通道的冷却剂发生质量、动量和能量的交换。实际反应堆堆芯均设计为开式通道,并且在轴向方向上设有搅混格架,加强相邻通道间冷却剂的横向流动和紊流交混,从而加强换热。因此,单通道分析方法得出的结果并不精细,略显保守。子通道分析则认为相邻通道是开放的、互相关联的,冷却剂除了在轴向方向上流动,还会由于压差、湍流脉动、格架交混等因素发生横向流动,相邻通道间的冷却剂发生质量、能量和动量的交换。因此各通道内的冷却剂质量流率沿着轴向方向不断变化,热通道内冷却剂由于与相邻较冷的通道冷却剂发生交换,其焓值和温度也会有所降低,相应的燃料元件温度也随之降低,计算结果较准确,计算量比 CFD 模拟方法大大减少,因此,子通道分析在堆芯热工分析中有广泛的应用[5]。经过多年的发展,市面上出现了多种子通道分析程序,常见的有美国太平洋西北国家实验室开发的 COBRA、新英格兰电力系统东北设备公司开发的 HAMBO、法国推出的 FLICA、美国西屋电气公司推出的 THINC 等[6]。本章所采用的子通道程序为 COBRA-EN。

4.1.3　本章研究内容和意义

2011 年福岛核电站发生事故后,人们意识到 UO_2/Zr 燃料系统存在较大的安全隐患,需要寻找替代燃料。在这样的背景下,事故容错燃料的研发工作受到了重视,一些性能优越的材料成为热门的事故容错候选材料,如芯块材料有 UO_2 的复合物燃料、U_3Si_2、UN-U_3Si_2 和 FCM 等燃料,包壳材料有 Cr 涂层锆包壳、FeCrAl 和 SiC/SiC 复合包壳。事故容错燃料的研究主要可分成三类:①材料性能(热物理性能、机械性能、抗氧化性能等)的基础研究,这类研究也是最为热门的研究,相关研究项目最多,相关报道也最为广泛;②中子物理特性研究,在事故容错燃料应用到实际反应堆之前,中子物理特性研究是必要的,可用于评估事故容错材料对燃料燃耗、换料周期、功率分布等参数的影响,有利于改进堆芯设计;③热工水力研究,用于评估事故容错燃料在反应堆正常运行或事故工况下是否满足热工安全设计要求,达到事故容错的目的。本章的工作内容主要为事故容错燃料的热工水力研究。

目前已有研究者针对一部分事故容错燃料开展了热工水力研究,主要采用的方法是最佳估算方法,使用系统程序构建反应堆回路模型,进行反应堆事故工况下温度分析、安全裕量分析等,推动了事故容错燃料技术的进一步发展。但是,事故容错燃料热工水力研究仍存在有待进一步深入研究的领域,具体如下:

(1)对于复合物芯块燃料,不同的混合比例会导致不同的燃料性能,从而在反应堆条件下的热工水力行为也会不同,不同混合比例对反应堆热工水力行为的影响尚待研究。

(2)事故容错燃料不断发展,人们对事故容错燃料热物理、机械性能等的认识不断加深,也陆续开发出一些新型的燃料或包壳,由于热工水力分析是基于材料的性能来展开的，因此事故容错燃料的热工水力分析也需随着材料性能的发展而做进一步的更新。

（3）事故容错燃料应用于反应堆的堆芯，最佳估算方法是基于反应堆的回路建模，几何尺度较大，用最佳估算方法评估事故容错燃料的热工水力行为略显粗糙，堆芯的热工水力分析方法常用子通道分析方法，目前使用子通道分析方法评估事故容错燃料热工水力行为的相关报道较少，尚待进一步研究。

（4）事故容错包壳材料的沸腾换热特性与传统锆包壳的换热特性存在较大的差异，这对反应堆热工水力行为造成的影响，尚待进一步研究。

本章将分别采用最佳估算方法和子通道分析方法对不同事故容错芯块-包壳组合（包括 2 种 ATF 芯块材料 $UO_2+10\%/20\%/30\%BeO$、$UO_2+10\%/20\%/30\%SiC$，3 种 ATF 包壳材料 FeCrAl、HNLS/ML-A 和 SA3/PyC150-A）开展系统的、全面的热工水力分析，阐明所研究的事故容错燃料在正常运行和事故工况下的热工水力行为及其内在的机理，研究成果将为装载事故容错燃料的反应堆的设计及运行提供参考，也对未来的事故容错燃料研究有一定的参考意义。

本章的工作内容主要为：4.1 节介绍研究事故容错燃料的方法。4.2 节详细介绍所研究的事故容错燃料相关热物理性能；对 RELAP5/MOD3.4 最佳估算程序所使用的理论模型进行介绍，基于 RELAP5/MOD3.4 构建装载事故容错燃料的二代改进型反应堆 CPR1000 的一回路模型；对 COBRA-EN 子通道程序的理论模型进行介绍，构建装载事故容错燃料堆芯子通道模型，并构建装载事故容错燃料的 5×5 棒束子通道模型。4.3 节利用 RELAP5/MOD3.4 所构建的一回路模型，分析快速弹棒事故、小破口事故和大破口事故工况下，事故容错燃料的热工水力行为。4.4 节利用 COBRA-EN 所构建的 1/8 堆芯子通道模型，分析快速弹棒事故下事故容错燃料的热工水力行为；同时利用 COBRA-EN 所构建的 5×5 棒束子通道模型，分析 4 种不同瞬态工况下事故容错燃料的热工水力行为。4.5 节为全章总结和进一步工作的展望。

4.2　事故容错燃料的反应堆系统模型与子通道模型的构建

事故容错燃料包括芯块材料和包壳材料，本章所研究的芯块材料主要包括具有不同混合比例的 UO_2-BeO、UO_2-SiC 复合物，包壳材料包括 FeCrAl 和 SiC/SiC。本节将介绍这些 ATF 材料的热导率、比定压热容、密度、熔点等热物理性能，并进行对比分析，作为 ATF 热工水力行为机理分析的基础。

4.2.1　事故容错芯块材料性质

本节所研究的 UO_2-BeO 和 UO_2-SiC 均包含 3 种混合比例，BeO/SiC 的体积分数均占 10 %、20%和30%，分别用 UO_2-10%BeO、UO_2-10%SiC、UO_2-20%BeO、UO_2-20%SiC、UO_2-30%BeO、UO_2-30%SiC 表示。UO_2 与 BeO/SiC 的热导率、比定压热容、密度等物性参数不一样，它们结合而成的复合物燃料也与 UO_2 燃料有较大的差别。很多研究者已通过实验的方法测量了 UO_2-BeO 和 UO_2-SiC 在 2000℃以下的热导率、比定压热容、密度等热物理性能，但在 2000℃以上、熔点以下的热物理性能则鲜有报道。据研究，SiC 的热导率在辐照后会较大程度削减，而目前尚未有研究者通过实验精确测量辐照后不同混合比例 UO_2-SiC 复合物的热导率，因此本节仍采用未经辐照的 UO_2-SiC 复合物的热导率开展研究。华南理工大学 Liu 等[7-9]的一系列的计算研究表明，使用 Hasselman-Johnson 模型计算复合物燃料的热导率与实验测得的热导率有良好的吻合度，不同 BeO/SiC 混合比例的复合物燃料的热导率均可用 Hasselman-Johnson 模型计算。因此，本小节依据该模型计算 UO_2-BeO 和 UO_2-SiC 复合物燃料不同混合比例下熔点以下的热导率。以 UO_2-BeO 复合物燃料为例，该模型如下式所示：

$$k = k_{UO_2\text{-BeO}} \cdot f_d \cdot f_p \cdot f_{por} \cdot f_x \cdot f_r \qquad (4\text{-}1)$$

其中，k 为 UO_2-BeO 的实际热导率；$k_{UO_2\text{-BeO}}$ 为 UO_2-BeO 理论热导率；f_d 为可溶裂变产物修正因子；f_p 为沉积裂变产物修正因子；f_{por} 为孔隙度修正因子；f_x 为化学计量偏差因子；f_r 为辐照损伤修正因子。

复合物燃料的比定压热容是各成分质量分数与密度乘积之和，以 UO_2-BeO 复合物燃料为例，其质量分数的计算公式如下：

$$W_{UO_2} = \frac{V_{UO_2} \cdot \rho_{UO_2}}{V_{UO_2} \cdot \rho_{UO_2} + V_{BeO} \cdot \rho_{BeO}} \qquad (4\text{-}2)$$

$$W_{BeO} = \frac{V_{BeO} \cdot \rho_{BeO}}{V_{UO_2} \cdot \rho_{UO_2} + V_{BeO} \cdot \rho_{BeO}} \qquad (4\text{-}3)$$

其中，W_{UO_2} 为 UO_2 的质量分数；W_{BeO} 为 BeO 的质量分数；V_{UO_2} 为 UO_2 的体积分数；V_{BeO} 为 BeO 的体积分数；ρ_{UO_2} 为 UO_2 密度；ρ_{BeO} 为 BeO 密度。

复合物燃料密度的计算公式如下：

$$\rho_{UO_2\text{-BeO}} = V_{UO_2} \cdot \rho_{UO_2} + V_{BeO} \cdot \rho_{BeO} \qquad (4\text{-}4)$$

如图 4-1 所示，BeO 和 SiC 单体的热导率和比定压热容都远远大于 UO_2，BeO 和 SiC 与 UO_2 混合成复合物燃料后，其热导率和比定压热容也高于 UO_2 芯块燃料。随着 UO_2-BeO 和 UO_2-SiC 复合物中 BeO/SiC 体积分数的增大，其热导率和比定压热容也增大，这意味着其增强了燃料导热能力。相同的体积分数下，UO₂-BeO 的热导率和比定压热容均高于 UO₂-SiC。虽然 BeO/SiC 体积分数越大，UO₂-BeO 和 UO₂-SiC 复合物的导热能力越强，但是若 ^{235}U 浓度不变，堆芯的功率密度将下降，因此不能盲目增大 BeO/SiC 的体积分数。

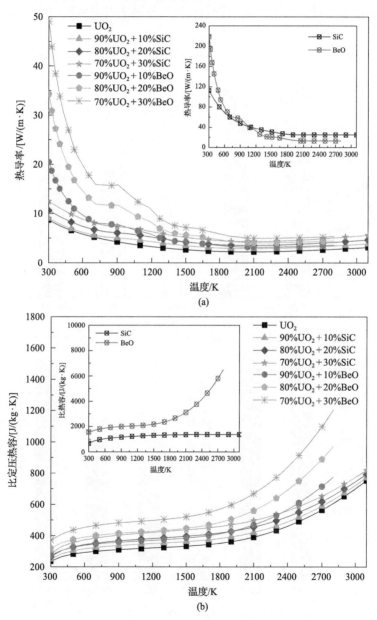

图 4-1　芯块材料热导率和比定压热容

(a)热导率；(b)比定压热容

图 4-2(a)为各种材料的熔点，SiC 熔点约为 3053K，略低于 UO_2 的熔点 3120K，BeO 的熔点约为 2820K，比 UO_2 熔点低了 300K。根据复合物的化学特性，UO_2-BeO 和 UO_2-SiC 复合物的熔点一般情况下不会高于单体的熔点，因此以 2820K 和 3053K 作为 UO_2-BeO 和 UO_2-SiC 的熔点。由于各种材料的失效温度暂无统一标准，参考武小莉等的研究[10]，复合物材料发生熔融失效温度暂取为熔点温度，如图 4-2(b)所示。

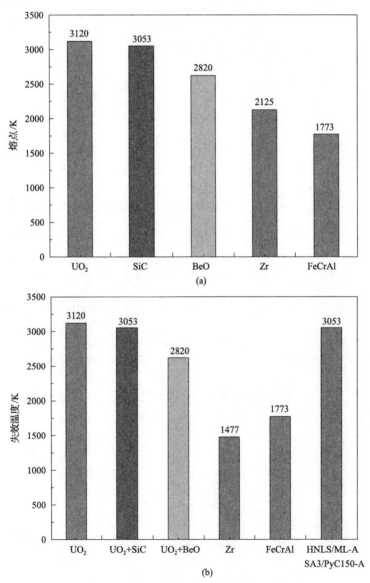

图 4-2　芯块材料熔点和失效温度[9,11,12]

(a)熔点；(b)失效温度

4.2.2　事故容错包壳材料性质

　　本节研究的 ATF 包壳主要有 FeCrAl 合金和 SiC/SiC 复合物，从 SiC/SiC 复合物中选 2 种具有代表性的材料作为研究对象，分别是 SA3/PyC150-A 和 HNLS/ML-A，Katoh 等[13]在 2014 年测量了这两种复合物包壳在辐照下的热导率。3 种 ATF 包壳和 Zr 包壳的热导率、比定压热容如图 4-3 所示。显然，辐照后，SA3/PyC150-A 和

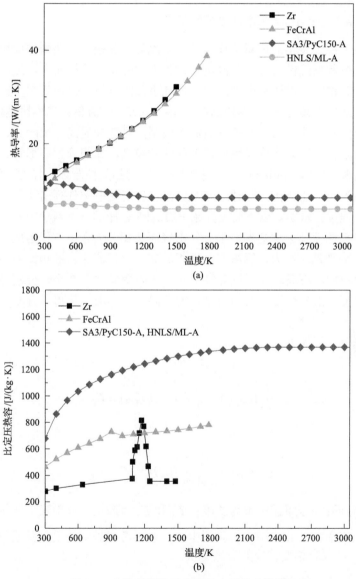

(a)

(b)

图 4-3　包壳材料热导率和比定压热容[11,13]

(a)热导率；(b)比定压热容

HNLS/ML-A 的热导率要低于 Zr 包壳，但是两者的比定压热容则是 4 种包壳中最大的。FeCrAl 的热导率与 Zr 相差不大，但其比定压热容则要高于 Zr。如图 4-2 所示，虽然 Zr 的熔点要高于 FeCrAl，但是在约 1173K 的高温蒸汽环境中，Zr 会与水蒸气发生锆水反应，根据美国核管理委员会设定的安全标准，Zr 包壳的失效温度为 1477K。由于 3 种 ATF 包壳在高温水蒸气环境下并不发生剧烈的氧化还原反应，因此 3 种 ATF 包壳的失效温度取其熔融温度。

4.2.3　RELAP5/MOD3.4 基本理论模型简介

　　RELAP5 经过多年的更新迭代，结合了流体计算模块、热构件模块、堆功率计算模块、控制系统模块等多个模块，具备强大的安全分析能力，可对多种类型的反应堆开展稳态、设计基准事故和超基准事故的分析，已成为很多核电厂热工水力分析的必备工具之一。在 RELAP5 的多个模块中，流体计算模块是核心模块，其数学基础为两相非均相、非稳态两流体模型，可选择显式、半隐式、隐式的数值方法进行求解。流体计算模块包含多种部件模型，如圆管、环形管、安注箱、阀、泵、汽水分离器、汽轮机、单一控制体、时间相关控制体、分支、单一接管、时间相关接管等。在迭代计算时，RELAP5 程序对这些部件列出质量、能量和动量的守恒方程进行求解。以下简要介绍 RELAP5 程序的基本数学方程。

　　RELAP5 的流体力学基本数学方程由气液两相三大守恒方程组成，一次因变量有 8 个，分别是：压力、硼浓度、液相流速、气相流速、液相比内能、气相比内能、空泡份额、不凝气体质量含气率。二次因变量共有 7 个，分别是：液相温度、气相温度、液相密度、气相密度、饱和温度、不凝气体质量分数、单位体积热传导率。

　　质量守恒方程如下。

　　液相：

$$\frac{\partial}{\partial t}(\alpha_f \rho_f) + \frac{1}{A}\frac{\partial}{\partial x}(\alpha_f \rho_f V_f A) = \Gamma_f \tag{4-5}$$

　　气相：

$$\frac{\partial}{\partial t}(\alpha_g \rho_g) + \frac{1}{A}\frac{\partial}{\partial x}(\alpha_g \rho_g V_g A) = \Gamma_g \tag{4-6}$$

其中，t 为时间；A 为面积；x 为长度；Γ_f 和 Γ_g 为源项，分别表示液相产生速率和气相产生速率。在 RELAP5 的算例中，一般不考虑外部的质量源或热阱，因此有 $\Gamma_f = -\Gamma_g$，代表相变过程的质量交换。

　　能量守恒方程如下：

　　液相：

$$\frac{\partial}{\partial t}(\alpha_{\mathrm{f}}\rho_{\mathrm{f}}U_{\mathrm{f}}) + \frac{1}{A}\frac{\partial}{\partial x}(\alpha_{\mathrm{f}}\rho_{\mathrm{f}}U_{\mathrm{f}}V_{\mathrm{f}}A)$$

$$= -P\frac{\partial\alpha_{\mathrm{f}}}{\partial t} - \frac{P}{A}\frac{\partial}{\partial x}(\alpha_{\mathrm{f}}V_{\mathrm{f}}A) + Q_{\mathrm{wf}} + Q_{\mathrm{if}} + \Gamma_{\mathrm{if}}h_{\mathrm{f}}^{*} + \Gamma_{\mathrm{w}}h_{\mathrm{f}} + \mathrm{DISS}_{\mathrm{f}} \tag{4-7}$$

气相：

$$\frac{\partial}{\partial t}(\alpha_{\mathrm{g}}\rho_{\mathrm{g}}U_{\mathrm{g}}) + \frac{1}{A}\frac{\partial}{\partial x}(\alpha_{\mathrm{g}}\rho_{\mathrm{g}}U_{\mathrm{g}}V_{\mathrm{g}}A)$$

$$= -P\frac{\partial\alpha_{\mathrm{g}}}{\partial t} - \frac{P}{A}\frac{\partial}{\partial x}(\alpha_{\mathrm{g}}V_{\mathrm{g}}A) + Q_{\mathrm{wg}} + Q_{\mathrm{ig}} + \Gamma_{\mathrm{ig}}h_{\mathrm{g}}^{*} + \Gamma_{\mathrm{w}}h_{\mathrm{g}} + \mathrm{DISS}_{\mathrm{g}} \tag{4-8}$$

其中，等号右边前两项分别为压缩功或膨胀功及内能变化率；Q_{wf}、Q_{wg} 为单位体积壁面热交换率；Q_{if}、Q_{ig} 为气液界面的热交换量；$\Gamma_{\mathrm{if}}h_{\mathrm{f}}^{*}$、$\Gamma_{\mathrm{ig}}h_{\mathrm{g}}^{*}$ 为气液界面因质量迁移引起的能量迁移；$\Gamma_{\mathrm{w}}h_{\mathrm{f}}$、$\Gamma_{\mathrm{w}}h_{\mathrm{g}}$ 为壁面处因质量迁移引起的能量迁移；$\mathrm{DISS}_{\mathrm{f}}$、$\mathrm{DISS}_{\mathrm{g}}$ 为能量耗散项，可用下列两式计算：

$$\mathrm{DISS}_{\mathrm{f}} = \alpha_{\mathrm{f}}\rho_{\mathrm{f}}\mathrm{FWG}V_{\mathrm{f}}^{2} \tag{4-9}$$

$$\mathrm{DISS}_{\mathrm{g}} = \alpha_{\mathrm{g}}\rho_{\mathrm{g}}\mathrm{FWG}V_{\mathrm{g}}^{2} \tag{4-10}$$

动量守恒方程如下。

液相：

$$\alpha_{\mathrm{f}}\rho_{\mathrm{f}}A\frac{\partial V_{\mathrm{f}}}{\partial t} + \frac{1}{2}\alpha_{\mathrm{f}}\rho_{\mathrm{f}}A\frac{\partial V_{\mathrm{f}}^{2}}{\partial x}$$

$$= -\alpha_{\mathrm{f}}A\frac{\partial P}{\partial x} + \alpha_{\mathrm{f}}\rho_{\mathrm{f}}B_{x}A - (\alpha_{\mathrm{f}}\rho_{\mathrm{f}}A)\mathrm{FWF}(V_{\mathrm{f}}) + \Gamma_{\mathrm{f}}A(V_{\mathrm{fi}} - V_{\mathrm{f}}) \tag{4-11}$$

$$- (\alpha_{\mathrm{f}}\rho_{\mathrm{f}}A)\mathrm{FIF}(V_{\mathrm{f}} - V_{\mathrm{g}}) - C_{\alpha_{\mathrm{f}}\alpha_{\mathrm{g}}\rho_{m}}A\left[\frac{\partial(V_{\mathrm{f}} - V_{\mathrm{g}})}{\partial t} + V_{\mathrm{g}}\frac{\partial V_{\mathrm{f}}}{\partial x} - V_{\mathrm{f}}\frac{\partial V_{\mathrm{g}}}{\partial x}\right]$$

气相：

$$\alpha_{\mathrm{g}}\rho_{\mathrm{g}}A\frac{\partial V_{\mathrm{g}}}{\partial t} + \frac{1}{2}\alpha_{\mathrm{g}}\rho_{\mathrm{g}}A\frac{\partial V_{\mathrm{g}}^{2}}{\partial x}$$

$$= -\alpha_{\mathrm{g}}A\frac{\partial P}{\partial x} + \alpha_{\mathrm{g}}\rho_{\mathrm{g}}B_{x}A - (\alpha_{\mathrm{g}}\rho_{\mathrm{g}}A)\mathrm{FWG}(V_{\mathrm{g}}) + \Gamma_{\mathrm{g}}A(V_{\mathrm{gi}} - V_{\mathrm{g}}) \tag{4-12}$$

$$- (\alpha_{\mathrm{g}}\rho_{\mathrm{g}}A)\mathrm{FIG}(V_{\mathrm{g}} - V_{\mathrm{f}}) - C_{\alpha_{\mathrm{g}}\alpha_{\mathrm{f}}\rho_{m}}A\left[\frac{\partial(V_{\mathrm{g}} - V_{\mathrm{f}})}{\partial t} + V_{\mathrm{f}}\frac{\partial V_{\mathrm{g}}}{\partial x} - V_{\mathrm{g}}\frac{\partial V_{\mathrm{f}}}{\partial x}\right]$$

其中，B_x 为 x 方向的体积力（N/kg）；$C_{\alpha_g \alpha_f \rho_m}$、$C_{\alpha_f \alpha_g \rho_m}$ 为真实的质量分数；FWF 为液相壁面摩擦项；FWG 为气相壁面摩擦项；FIF 为液相分界面摩擦项；FIG 为气相分界面摩擦项。

4.2.4　CPR1000 反应堆系统建模

1. CPR1000 建模

CPR1000 一回路主系统有一个压力容器和三条传热环路，三条环路以压力容器为中心布置，如图 4-4 所示。每条环路均包含 1 台蒸汽发生器（图 4-4 中的蓝色部件）、1 台冷却剂主泵（图 4-4 中的深绿色部件）、1 条处于压力容器的出口和蒸汽发生器入口之间的热管段管道、1 条处于蒸汽发生器出口和冷却剂主泵之间的过渡段管道和 1 条处于冷却剂主泵和压力容器入口之间的冷管段管道。此外，其中 1 条环路还布置了 1 个稳压器（图 4-4 中的浅绿色部件），用于反应堆整个一回路系统压力调节及保护。

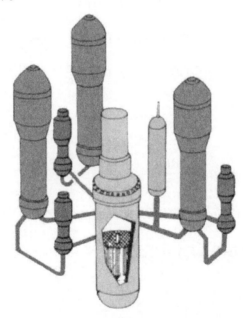

图 4-4　CPR1000 反应堆一回路示意图

本小节基于 RELAP5 程序，根据 CPR1000 的相关设计参数，建立了 CPR1000 反应堆一回路一维模型，并对 CPR1000 二回路进行了适当的简化，构建了二回路主要设备与部件的模型。此外，在反应堆一回路系统中，除了上述介绍的几大关键部件，还包含高压安注水箱（accumulator，ACC）及安注（safe injection，SI）系统，因此，本小节也进行了安注系统的建模。具体的模型节点图如图 4-5 所示。部件

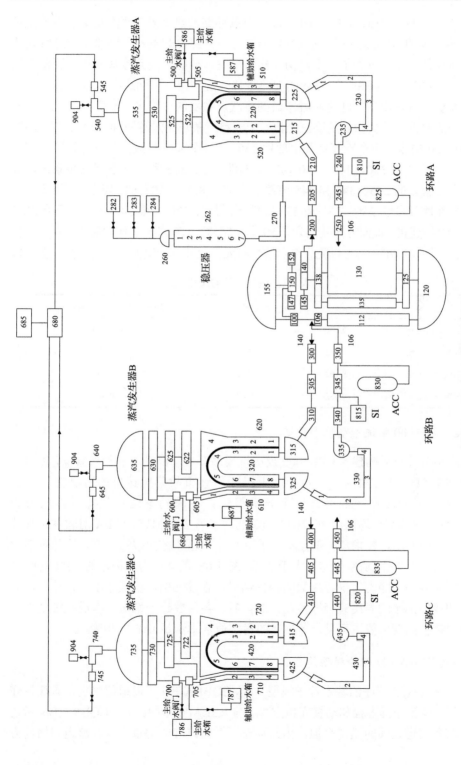

图 4-5　CPR1000系统节点图

200～210、300～310、400～410 构成了三条环路的热管段。蒸汽发生器则连在环路 A 热管段的 205 部件上。蒸汽发生器则是一回路冷却剂和二回路工质进行换热的关键设备，此处设置了一个热构件作为管壁，分隔一回路冷却剂和二回路工质换热，同时在一回路和二回路之间起热量传递的作用。二回路中，部件 586、686 和 786 表示从常规岛二回路冷凝器通到蒸汽发生器的主给水，部件 685 表示从蒸汽发生器通去汽轮机做功的高压蒸汽。一回路三条环路过渡段则分别由部件 230、330 和 430 构成，三个冷却剂泵由部件 235、335 和 435 构成，三条冷管段由部件 240～250、340～350、440～450 构成。部件 810、815 和 820 表示安注系统，分别接在冷管段的 245、345 和 445 部件上。部件 825、830、835 表示高压安注箱，分别接在冷管段的 250、350 和 450 部件上。部件 130 为堆芯活性区，采用 PIPE 型部件进行建模，轴向方向共划分了 10 个控制体，ATF 以热构件的形式布置在部件 130 上，不同"ATF 芯块-包壳"组合的燃料元件尺寸有一定差别，具体参见表 4-1。

表 4-1　燃料元件的尺寸

包壳类型	Zr-4	FeCrAl	SA3/PyC150-A、HNLS/ML-A
包壳外径/mm	9.500	9.500	9.500
包壳厚度/mm	0.572	0.419	0.572
芯块直径/mm	8.192	8.498	8.192
气隙宽度/mm	0.082	0.082	0.082

2. CPR1000 系统模型稳态验证

本小节针对所构建的 CPR1000 反应堆模型开展了满功率的稳态验证，以保证所构建的模型是可靠的，一定程度上保证后续事故分析结果的可靠性。根据 CPR1000 反应堆系统的最终安全分析报告，在满功率运行状态时，压力为 15.5MPa，冷却剂平均温度为 310℃，100%功率为 2895MW。IAEA 对软件事故分析有一定的要求，要求压力偏差不大于 0.1%，流量偏差不大于 2%，冷却剂温度偏差不大于 0.5%，功率偏差不大于 2%。图 4-6～图 4-9 为所构建的 CPR1000 系统模型在满功率稳态工况各参数的调试结果，在前 50s，稳压器压力、体积流量份额和冷却剂平均温度有轻微波动，50s 后，各参数趋于稳定，而反应堆功率则始终保持在满功率值。可见，各参数的稳定值基本满足 IAEA 的要求。

3. COBRA-EN 理论模型简介

与 RELAP5 程序的基本数学模型一样，COBRA-EN 子通道程序也包含质量守恒方程、能量守恒方程和动量守恒方程。与 RELAP5 不同的是，COBRA-EN 考虑了堆芯各流道之间的横向交混，因此补充了横向方向的动量方程。流道间横向方

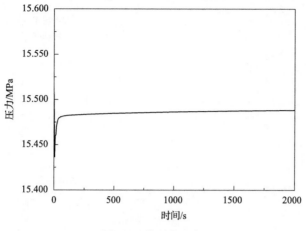

图 4-6　稳压器压力

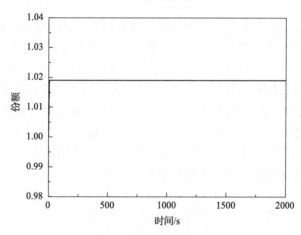

图 4-7　体积流量份额

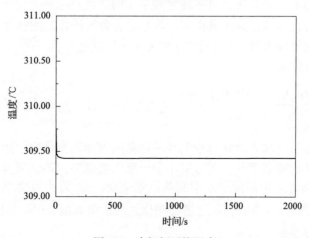

图 4-8　冷却剂平均温度

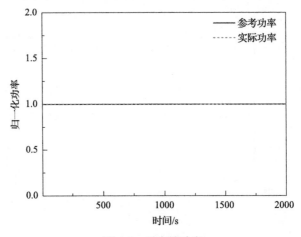

图 4-9　反应堆功率

向的质量和能量交换主要通过两种方式：横流混合和紊流交混。横流混合是由相邻流道间的横向压差引起的横向流动，同时伴随着能量和动量的交换；紊流交混是由湍流脉动引起流体的扰动，从而导致相邻通道间的流体发生同等的质量交换。通常情况下，横流混合引起的质量交换量要比紊流交混引起的质量交换量大很多。

在 COBRA-EN 数学模型中，假定几何模型在轴向长度上为常数，不考虑燃料元件因工况变化而产生的变形。在下列的守恒方程中，所计算的子通道控制体用下标 i 表示，所计算子通道控制体相邻的控制体用下标 j 表示。

对于子通道中的控制体，其质量守恒方程为

$$A_i \frac{\partial \rho_i}{\partial t} + \frac{\partial W_i}{\partial z} = -\sum_j \omega_{ij} \tag{4-13}$$

其中，等号左边第一项为所计算子通道控制体的质量随时间的变化率；第二项为控制体沿轴向方向（z 轴）的流量梯度；等号右边为所计算的控制体与所有相邻通道控制体之间的横向流量，从 i 流向 j 取值为正，反之为负。

能量守恒方程为

$$\frac{1}{u_i} \frac{\partial (W_i H_i)}{\partial t} + \frac{\partial (W_i H_i)}{\partial z} = \overline{q_i} - \sum_j \omega'_{ij}(H_i - H_{ij}) + \sum_j \omega_{ij}(H_i - H^*) \tag{4-14}$$

其中，等号左边第一项为所计算控制体的能量随时间的变化率；第二项为轴向方向上进出控制体的能量变化；等号右边第一项为热源项；第二项为控制体与所有相邻通道控制体之间由紊流交混引起的能量交换，ω'_{ij} 为紊流交混引起的质量流量；第三项为控制体与所有相邻通道控制体之间由横流混合引起的能量交换，ω_{ij} 为横流混合引起的质量流量。

轴向动量方程为

$$\frac{1}{A_i}\frac{\partial W_i}{\partial t} - 2u_i\frac{\partial \rho_i}{\partial t} + \frac{\partial p_i}{\partial z} = \frac{f_{s,i}\phi_i}{D_{e,i}}\frac{W_i^2}{A_i^2}\frac{1}{2\rho_f} + C_{\text{形}}\frac{W_i^2}{A_i^2}\frac{1}{2\Delta z\rho_i}$$

$$+\rho_i g\cos\theta + \frac{W_i^2}{A_i^2}\frac{\partial\left(\frac{1}{\rho_i}\right)}{\partial z} - \sum_j\frac{f_i}{A_i}(u_i - u_j)\omega'_{ij} + \sum_j\frac{1}{A_i}(2u_i - u^*)\omega_{ij}$$

(4-15)

其中，等号左边第一、二项为控制体能量随时间的变化率；第三项为控制体轴向方向的压力梯度；等号右边各项均为压力变化：第一项为压力的沿程阻力损失，第二项为局部阻力损失，一般由格架引起，第三项为由流体高度变化引起的提升压降，由于流体流动方向是竖直向上的，因此 $\theta=90°$，第四项为加速压降，是由轴向方向上控制体密度差造成的压力差，第五项为由紊流交混造成的压力差，但该项对计算结果影响很小，为了建模方便，常设为零，第六项是由横流混合造成的压力差。

横向动量方程为

$$\frac{s_{\text{棒芯}}}{l_{ij}}(p_i - p_j) = \frac{\partial\omega_{ij}}{\partial t} + \frac{\partial u'\omega_{ij}}{\partial z} + \frac{s_{\text{棒芯}}}{l_{ij}}C'_{ij}\omega_{ij}$$

(4-16)

上式为考虑时间变化和轴向变化率的横向动量方程。其中，等号左边为压力项；等号右边第一项为时间加速项；第二项为空间加速项；第三项为线性化摩擦项。

4.2.5　堆芯子通道模型和棒束子通道模型的构建

在 RELAP5 建模中，堆芯的建模是使用一维建模的方法，分析模型较为简单。子通道分析模型则可将堆芯组件划分为若干个子通道，分析模型较为精确。COBRA-EN 程序具有堆芯子通道分析和棒束子通道分析的功能。堆芯子通道分析可将燃料组件看成一个开式通道，然后进行子通道计算，而棒束子通道分析则可将燃料元件之间的流道看成开始通道，然后进行子通道计算。通过子通道程序的迭代计算，所有控制体的相关热工水力参数都可得到，如燃料元件的温度、空泡份额、冷却剂焓值、冷却剂温度和密度、压降、偏离泡核沸腾比等。子通道程序的这些功能和优点使得其在堆芯热工水力分析中无可替代。本小节利用COBRA-EN 子通道程序分别构建了装载 ATF 堆芯的子通道模型和 5×5 棒束的子通道模型，下面具体介绍建模过程。

1. 装载 ATF 堆芯子通道模型的构建

2016 年，美国橡树岭国家实验室 Brown 等[14]针对 Zr、FeCrAl 和 SiC/SiC 包

壳开展了 1/8 堆芯的中子物理特性分析，由于堆芯是对称设计的，开展 1/8 堆芯分析既能反映全堆特性，也能节约计算资源并提高计算速度，具有合理性。因此，本小节基于该堆芯的结构参数，构建了 1/8 堆芯的子通道模型。堆芯的相关参数如表 4-2 所示，该堆共有 157 个燃料组件，每个组件共有 264 个铀燃料棒，额定负荷运行时，堆芯热功率为 3400MW，冷却系统压力为 15.51MPa。

表 4-2 反应堆堆芯参数

参数	数值
堆芯热功率/MW	3400
冷却剂系统压力/MPa	15.51
堆芯进口处冷却剂温度/℃	279.4
堆芯流量/[kg/(m$^2 \cdot$ s)]	3700
燃料组件型式	17×17
堆芯活性区高度/m	4.267
堆芯燃料组件数目	157
单个组件中铀棒数目	264

Brown 等[14]在事故容错包壳的中子物理特性分析中指出，SiC/SiC 包壳与 Zr 包壳中子特性相近，SiC/SiC 对堆芯功率分布影响不大。而 FeCrAl 材料则由于其中子吸收截面较大，对堆芯中子特性、功率分布有一定影响，因此为了降低 FeCrAl 对堆芯中子特性的影响，通常 FeCrAl 包壳要比 Zr 包壳薄，各包壳对应的燃料元件尺寸如表 4-1 所示。

本小节暂不考虑 ATF 芯块对堆芯的径向功率分布和轴向功率的影响。因此，在子通道分析中，Zr、SiC/SiC 包壳采用相同的包壳厚度、径向功率和轴向功率分布进行计算分析，而 FeCrAl 包壳则采用较薄的包壳，并根据 Brown 的 1/8 堆芯中子计算取用相应的轴向、径向功率分布进行计算分析。具体的功率分布如图 4-10 所示，图中红色虚线表示对称分割线。

1981 年 Jackson 和 Todreas[15]在 COBRA 3C-MIT 文档报告中指出，子通道分析中，轴向方向一个控制体的长度在 2in(1in=2.54cm，5.08cm)～1ft(1ft=3.048× 10^{-1}m，30.48cm)之间就能获得足够精确的子通道分析结果。本小节将每一个燃料组件看作一个子通道，子通道轴向方向划分了 21 个长度相等控制体(每个控制体长度为 0.667ft)，燃料棒在径向方向划分了 7 个节点，如图 4-11 所示，芯块位于前 5 个节点，节点 5 和 6 之间代表芯块与包壳间的气隙，节点 6 和 7 之间代表包壳。以燃料棒表面温度和中心温度为依据进行网格无关性分析，图 4-12 表明，本网格划分合理。

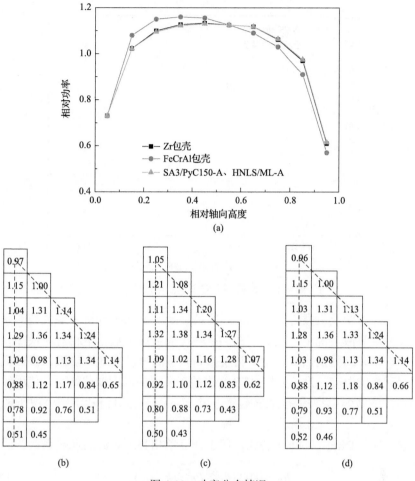

图 4-10　功率分布情况

(a) 4 种包壳轴向功率分布；(b) Zr 包壳径向功率分布；(c) FeCrAl 包壳径向功率分布；
(d) SA3/PyC150-A 和 HNLS/ML-A 包壳径向功率分布

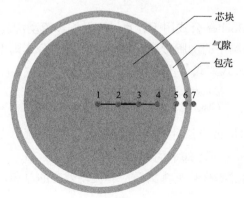

图 4-11　径向节点划分

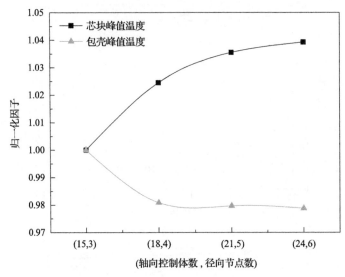

图 4-12　网格划分对峰值温度的影响

　　燃料元件温度及包壳与冷却剂之间的换热是 ATF 热工分析中最关键的问题之一，在反应堆事故工况下，包壳表面的换热可能会经历液相单相对流换热、过冷沸腾换热、饱和沸腾换热、过度沸腾换热和膜态沸腾换热 5 个阶段，换热机制决定了燃料元件的温度。为了分析 ATF 在事故工况下的温度变化情况，使用经过大量经验验证的数学模型构建 ATF 包壳与冷却剂间单相对流和沸腾情况下的换热模型。

　　式(4-17)为 Dittus-Boelter 公式，用于计算单相强迫对流的换热系数。

$$h_{\mathrm{T}} = 0.023 Re^{0.8} Pr^{0.4}(k / D_{\mathrm{h}}) \tag{4-17}$$

其中，h_{T} 为对流换热系数；k 为冷却剂导热系数；D_{h} 为热工水力直径；Re 为雷诺数；Pr 为普朗特数。

　　Thom 及 Dittus-Boelter 公式用于计算过冷及饱和流动沸腾的换热系数，Thom 公式用于表征流动沸腾中的沸腾效应，Dittus-Boelter 公式则用于表征流动沸腾中的流动效应。Thom 公式如式(4-18)所示：

$$q_{\mathrm{Thom}} = 0.05358 \cdot \mathrm{e}^{P/630} \cdot (T_{\mathrm{w}} - T_{\mathrm{sat}})^2 \tag{4-18}$$

其中，q_{Thom} 为使用 Thom 方法计算的热流密度；P 为系统压力；T_{w} 为燃料元件表面温度；T_{sat} 为系统压力下冷却剂的饱和温度。

　　过冷及饱和流动沸腾换热是沸腾效应和流动效应的总和，其换热系数的计算方法如式(4-19)所示：

$$h_{\mathrm{nb}} = h_{\mathrm{T}} + q_{\mathrm{Thom}} / (T_{\mathrm{w}} - T_{\mathrm{b}}) \tag{4-19}$$

其中，h_{nb} 为过冷及流动沸腾换热系数；h_{T} 为使用式(4-17)计算的对流换热系数；$q_{\mathrm{Thom}} / (T_{\mathrm{w}} - T_{\mathrm{b}})$ 为沸腾效应；T_{b} 为冷却剂主流的温度。

临界热流密度(critical heat flux，CHF)是沸腾传热中一个非常关键的参数，是沸腾从核态沸腾转变到过渡沸腾或膜态沸腾的判断依据。本小节采用加拿大渥太华大学 Groeneveld 等[16]在 2006 年发布的 CHF 查询表进行子通道中发生沸腾临界现象的预测，此查询表以压力、质量流量和质量含汽率为判据，提供了超过 30000 个 CHF 数据点，可查询的工况十分广泛，压力范围为 0.1～21MPa，质量流量范围为 0～8000kg/(m² · s)，热力学质量含汽率范围为 -0.5～1.0，几乎涵盖了反应堆中所有可能出现的工况。

由于在本小节子通道分析所计算的工况中，并没有出现过渡沸腾现象，因此对此不多做介绍。式(4-20)为 Groeneveld 膜态沸腾换热系数计算公式：

$$
\begin{aligned}
&h_{\mathrm{fb}} = 0.052 \frac{k_{\mathrm{g}}}{D_{\mathrm{h}}} Re_{\mathrm{hom}}^{0.688} Pr_{\mathrm{f}}^{1.26} / \gamma^{1.06} \\[2mm]
&\gamma = 1.0 - 0.1\left[(1-x)\left(\frac{\rho_{\mathrm{f}}}{\rho_{\mathrm{g}}} - 1\right)\right] \\[2mm]
&Pr_{\mathrm{f}} = \frac{c_{\mathrm{pv}}\mu_{\mathrm{v}}}{k_{\mathrm{v}}} \\[2mm]
&Re_{\mathrm{hom}} = \frac{GD_{\mathrm{h}}x}{\mu_{\mathrm{g}}\alpha} = \frac{GD_{\mathrm{h}}}{\mu_{\mathrm{g}}}\left[x + \frac{\rho_{\mathrm{f}}}{\rho_{\mathrm{g}}}(1-x)\right]
\end{aligned} \tag{4-20}
$$

2. 装载 ATF 5×5 棒束子通道模型的构建

2011 年，美国 Avramova 等[17]基于两个 5×5 棒束台架，开展了瞬态工况实验，本小节依据实验台架的相关结构参数和热工参数，构建了相应的子通道模型，相关参数如表 4-3 所示。组件型式有两种：T11 组件加热棒数目为 25 根，棒束中部加热棒功率因子为 1.00，棒束外围的功率因子为 0.85；T12 组件加热棒数目为 24 根，组件中心棒不加热，且直径为 12.24mm，大于加热棒的直径 9.50mm，用于模仿实际堆芯组件中的控制棒导向管。两个组件在轴向方向上均设置了 3 种不同的栅格，搅混栅格数量最多，用于加剧子通道之间的扰流，降低热管因子，非搅混栅格和普通栅格分别位于组件的两端和中间，主要用于定位，同时也起一定的搅混作用。两个组件的轴向功率分布均为截断余弦分布，两端的功率因子最小，为 0.42，中间的功率因子最大，为 1.55。

表 4-3　5×5 组件结构参数

项目	数值	
组件型式及通道划分	T11	T12
加热棒数目	25	24
不加热棒数目	0	1
加热棒直径/mm	9.50	9.50
不加热棒直径/mm	—	12.24
加热棒间距/mm	12.60	12.60
轴向加热长度/mm	3658	3658
组件内部宽度/mm	64.90	64.90
径向功率分布	0.85 0.85 0.85 0.85 0.85 0.85 1.00 1.00 1.00 0.85 0.85 1.00 1.00 1.00 0.85 0.85 1.00 1.00 1.00 0.85 0.85 0.85 0.85 0.85 0.85	0.85 0.85 0.85 0.85 0.85 0.85 1.00 1.00 1.00 0.85 0.85 1.00 0.00 1.00 0.85 0.85 1.00 1.00 1.00 0.85 0.85 0.85 0.85 0.85 0.85
搅混栅架数目及阻力系数	7，1.0	7，1.0
非搅混栅架数目及阻力系数	2，0.7	2，0.7
普通栅架数目及阻力系数	1，0.4	1，0.4
搅混栅架位置/mm	471，925，1378，1832，2285，2739，3247	
非搅混栅架位置/mm	2.5，3755	
普通栅架位置/mm	2059	
轴向功率分布		

　　两个组件 ATF 的装载方式与堆芯 ATF 装载方式相同，如表 4-1 所示。T11 和 T12 燃料元件径向方向的节点划分也与堆芯燃料元件的节点划分相同，芯块占据了前 5 个节点，节点 5 和 6 之间为芯块和包壳间的气隙，节点 6 和 7 之间为包壳。表 4-3 中展示了两个组件的子通道划分方式，T11 组件在径向方向划分了 36 个子通道，T12 组件则在径向方向划分了 33 个子通道，其将中心棒周围的流道合成了一个子通道。两个组件都在轴向方向划分了 24 个等距控制体。T11 和 T12 包壳和冷却剂间的换热模型采用 4.2.5 堆芯子通道分析中的换热模型。

　　Avramova 等[17]使用 T11 和 T12 两个实验台架开展了 4 个瞬态工况实验，模拟反应堆中的事故工况，并测定偏离泡核沸腾(DNB)相关参数，本小节利用相应的实验数据对所构建的棒束子通道模型开展了对比验证。4 个瞬态工况分别为"升功率"、"降流量"、"降压"及"进口温度升高"工况，如图 4-13 所示。"升功率"工况以功率线性上升，棒束进口流量、进口温度及出口压力基本保持稳定为主要特点，在实际反应堆中，反应性引入事故可能造成相类似的堆芯工况条件；"降流量"工况以进口流量线性下降、其他 3 个参数基本保持稳定为主要特点，反应堆中一回路失水事故可能造成相类似的堆芯工况条件；"降压"工况以出口压力下降、

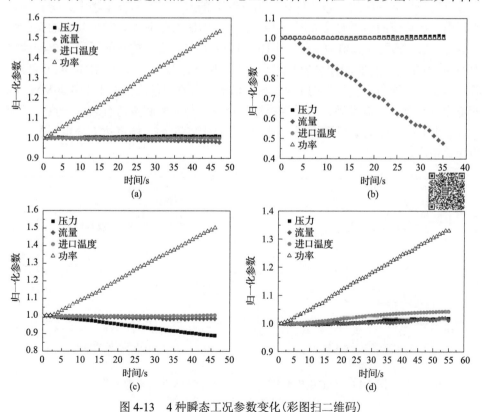

图 4-13　4 种瞬态工况参数变化(彩图扫二维码)

(a)"升功率"工况；(b)"降流量"工况；(c)"降压"工况；(d)"进口温度升高"工况

功率线性上升、其他两个参数基本保持稳定为主要特点，反应堆中一回路失水事故可造成冷却剂回路压力降低的堆芯工况条件；"进口温度升高"工况以进口温度升高、功率线性上升、其他两个参数基本保持稳定为主要特点，实际反应堆中，丧失热阱事故可能造成堆芯进口冷却剂温度升高的工况条件。4 个工况的初始条件如表 4-4 所示。

表 4-4　棒束瞬态实验初始条件

瞬态工况	初始条件			
	功率/MW	流量/[10^6kg/($m^2 \cdot$ h)]	压力/MPa	进口温度/℃
"升功率"	2.50	11.18	15.32	291.0
"降流量"	2.50	11.19	15.31	293.1
"降压"	2.52	11.28	15.33	291.7
"进口温度升高"	2.48	11.04	15.16	291.6

在 4 个瞬态工况实验中，测定了 DNB 的发生时间和发生功率，本小节也通过子通道模型根据相应的瞬态条件计算出 DNB 的发生时间和发生功率。实验测量值和模型计算值的结果对比如图 4-14 所示。DNB 发生时间、发生功率的实验测量值为 x 轴，模型计算值为 y 轴。由图 4-14(a) 可知，通过构建的子通道模型计算的 DNB 发生时间与实验测量值相差小于 2s，标准差为 3.65%。由图 4-14(b) 可知，通过构建的子通道模型计算的 DNB 发生功率与实验测量值相差小于 0.06MW，标准差为 1.00%。不难发现，子通道模型的计算值与实验测量值有高度一致性，因此，本小节所构建的子通道模型合理，能为后续装载 ATF 棒束热工分析提供足够的计算精度。

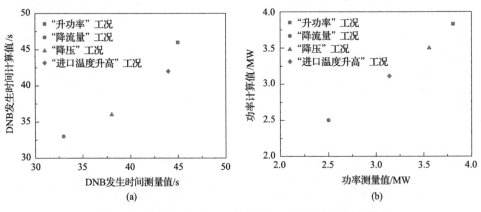

图 4-14　子通道模型 DNB 的发生时间和发生功率的偏差
(a) DNB 发生时间；(b) DNB 发生功率

4.2.6　小结

本节首先对事故容错的芯块和包壳的热物理性能作了总体介绍，芯块材料主要包括不同混合比例的 UO₂-BeO、UO₂-SiC 复合物燃料，包壳材料包括 FeCrAl 和两种 SiC/SiC 复合物包壳。对比分析这些 ATF 材料和传统 UO₂ 燃料、Zr 包壳的热导率、比定压热容、熔点等性质，为后续进一步的热工分析提供数据支撑。

对最佳估算程序 RELAP5 的基本理论进行了简要介绍，结合 CPR1000 相关结构参数和热工参数，基于 RELAP5 进行建模。构建了一回路冷却剂系统及二回路关键部件的模型，包括反应堆压力容器、热管段、蒸汽发生器、过渡管段、主冷却剂泵、冷管段及高压和低压安注系统。针对所构建的 CPR1000 系统模型，开展了稳态调试，调试结果表明本节所构建的模型可靠，可用于后续的 ATF 热工安全分析。

对子通道分析的四大基本守恒方程进行了介绍，并利用 COBRA-EN 程序，结合 Brown 等对于事故容错燃料的相关研究成果，构建了某反应堆装载 ATF 堆芯的 1/8 子通道模型，并对所采用的包壳-冷却剂的换热模型展开了介绍。同时，基于 Avramova 等的 2 个棒束实验台架，构建了对应的子通道模型，并依据瞬态实验中 DNB 发生时间和发生功率开展了子通道模型的验证。通过对比可知，所构建的子通道模型可靠，具有较高的预测精度。

4.3　事故容错燃料事故工况下的热工水力分析

本节基于构建的 CPR1000 反应堆系统开展一回路失水事故(loss of coolant accident，LOCA)的热工水力分析，重点关注不同事故容错芯块-包壳组合在极限事故过程中温度等关键参数的变化趋势，分析极限事故工况下各种事故容错燃料的耐受能力，主要分析的事故有小破口事故及大破口事故。一回路失水事故是指反应堆一回路冷却剂系统管路发生破口或者断裂而引发的冷却剂丧失事故，在 LOCA 中，由于冷却剂的丧失，堆芯可能面临裸露的风险。LOCA 又分为大破口失水事故(large break loss of coolant accident，LBLOCA)和小破口失水事故(small break loss of coolant accident，SBLOCA)，总破口面积大于或等于 0.09m² 的称为 LBLOCA，总破口面积小于该值则称为 SBLOCA。

4.3.1　装载 ATF 的 CPR1000 反应堆系统的 SBLOCA 事故热工水力分析

1. 基于 RELAP5 的 SBLOCA 模型

本节所研究模拟的 SBLOCA 事故的破口发生在 CPR1000 环路 A 的 245 部件

上，总破口面积为 $0.005m^2$，如图 4-15 所示。破口模型的设置方法是在原有的 245 部件上接上一个触发阀(trpvlv) 955，触发阀全开面积为 $0.005m^2$，用于模拟管路破口；触发阀另一端接有一个无限大的时间相关容积部件 TDV960，该容积部件的参数设置为常温常压，用于模拟安全壳环境，容纳从破口排放出来的冷却剂。在 SBLOCA 事故发生前，触发阀处于关闭状态，反应堆一回路处于封闭状态，反应堆稳态运行。当触发阀被触发打开，引发 SBLOCA 事故，反应堆一回路的冷却剂通过破口排放到安全壳中。

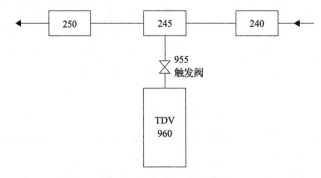

图 4-15　小破口事故模型

2. SBLOCA 事故响应分析

　　反应堆一回路的环路 A 在 0s 时发生了总破口面积为 $0.005m^2$ 的小破口事故，事故响应序列如表 4-5 所示，反应堆一回路各参数如图 4-16～图 4-21 所示。装载不同 ATF 反应堆在 SBLOCA 事故下各参数的响应趋势基本一致，下面以 UO_2/Zr 为例分析 SBLOCA 事故各参数的响应。

表 4-5　SBLOCA 事故响应序列

事件	时间/s
破口产生	0
停堆	17
高压安注箱启动	231
安注系统启动	322
高压安注箱排空	477

　　如图 4-16 所示，SBLOCA 事故发生后，一回路的压力随着冷却剂的流失而逐渐下降，压力在 17s 内降低至 13MPa 以下，并触发反应堆停堆信号，回路压力在 420s 时降至最低，约为 1.08MPa，在 1500s 后，压力稳定在 2.2MPa 左右。图 4-17 为堆芯功率变化曲线，在反应堆停堆后，功率快速衰减，此后以衰变功率运行。流经堆芯热点处的流量如图 4-18 所示，SBLOCA 事故发生后，堆芯流量逐渐减

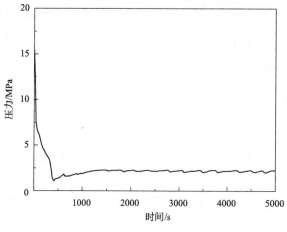

图 4-16　一回路压力

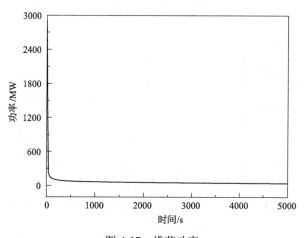

图 4-17　堆芯功率

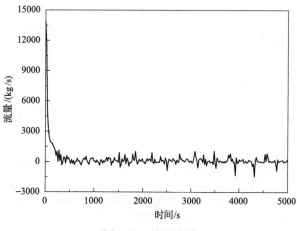

图 4-18　堆芯流量

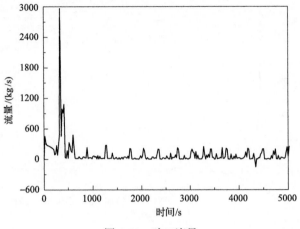

图 4-19　破口流量

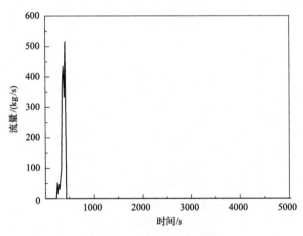

图 4-20　高压安注箱流量

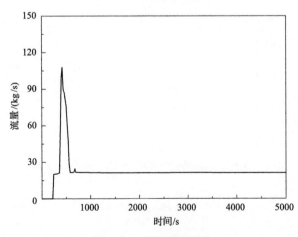

图 4-21　安注系统流量

少，在 100s 时，堆芯流量由最初的 13922kg/s 降低至 2037kg/s，600s 时，堆芯流量已接近零，但由于有高压安注箱和安注系统的注水流量，堆芯不至于完全干涸，因此在整个瞬态过程中，堆芯始终保持一定的冷却剂流量，带走堆芯衰变热量。图 4-19 为经破口流到安全壳中的流量，破口流量在前 600s 时较大，并且在高压安注箱介入后，破口流量有一个峰值，在 600s 后，破口流量较小。图 4-20 为环路 A 的高压安注箱的注入流量(环路 B、C 的安注箱注入流量与环路 A 的安注箱注入流量差别不大，此处不作图述)，在 231s 高压安注箱动作后，注入流量随着回路压力的降低而不断增大，受限于安注箱容积，在 477s 时，高压安注箱排空，注入流量为零。图 4-21 为安注系统的注入流量，该安注系统启动后，其注入流量随回路压力的变化而变化，在 360~540s 内，回路压力较低，安注系统的注入流量有一峰值，此后回路压力趋于稳定，注入流量基本维持在 21.3kg/s 左右。

3. SBLOCA 事故下 ATF 的热工水力分析

图 4-22 是 4 种"UO$_2$ 芯块-ATF 包壳"组合，在堆芯高度方向上，最大包壳温度(maximum cladding temperature，MCT)和燃料芯块中心最大温度(maximum fuel centerline temperature，MFCT)在瞬态过程中的变化曲线。尽管在 SBLOCA 事故过程中堆芯流量不断减少，但是由于及时停堆及高压安注箱和安注系统的及时介入，MCT 和 MFCT 在事故发生后逐渐降低，在 1500s 后，MCT 稳定在 490K 左右，MFCT 稳定在 500K 左右。不同的 ATF 包壳的 MCT 和 MFCT 响应几乎一致，不存在明显差异。事故过程中，MCT 和 MFCT 不超过稳态时的 MCT 和 MFCT，更不会超过包壳和芯块的温度失效准则。

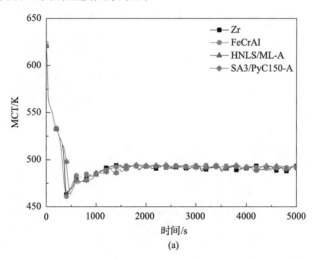

(a)

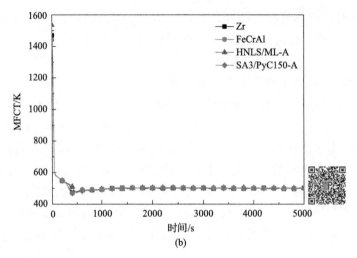

(b)

图 4-22　SBLOCA 事故下，"UO$_2$ 芯块-ATF 包壳"组合温度的变化（彩图扫二维码）

(a) MCT；(b) MFCT

图 4-23 是 7 种"ATF 芯块-FeCrAl 包壳"组合 MCT 和 MFCT 的变化示意图。不难发现，不同 ATF 芯块会造成 MCT 的响应有所差别，但 MCT 的变化趋势仍是一致的，MFCT 则几乎不受芯块材料的影响。"ATF 芯块-HNLS/ML-A 包壳"组合及"ATF 芯块-SA3/PyC150-A 包壳"组合的 MCT 和 MFCT 响应与"ATF 芯块-FeCrAl 包壳"组合的响应差别不大，此处不一一图述。总体而言，在 SBLOCA 事故下，由于停堆及时及高压安注箱和安注系统的及时介入，装载不同 ATF 芯块和包壳的 MCT 和 MFCT 响应差异不大，均不发生失效事故。

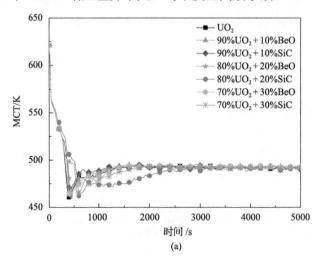

(a)

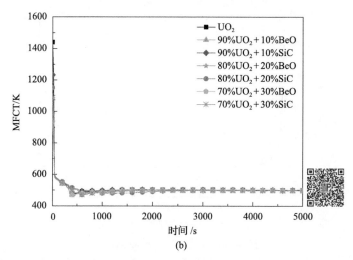

图 4-23　7 种"ATF 芯块-FeCrAl 包壳"组合 MCT 和 MFCT 的变化示意图(彩图扫二维码)
(a) MCF；(b) MFCT

4. SBLOCA 叠加全部安注系统失效事故下 ATF 的热工水力分析

在上述分析中，由于及时停堆及高压安注箱和安注系统的及时介入，燃料元件的温度不超过其温度失效准则。但是高压安注箱和安注系统的阀门等部件可能会由于故障而不能及时动作，堆芯缺少了注入流量，可能导致温度过高而发生熔化。因此下面将开展 SBLOCA 叠加全部安注系统失效事故的热工安全分析。

对比图 4-18 和图 4-24 可知，安注失效后堆芯流量变化趋势与有安注时的堆芯流量变化趋势大致相同，但有安注时的堆芯流量在 600s 后存在波动，表示有一定的冷却剂流过堆芯，而安注失效后，堆芯流量在 500s 后波动很小，在 1600s 后几乎没有了流量波动，此时堆芯接近干涸。图 4-25 是安注失效后从破口流到安全壳中的流量，在前 300s，冷却剂从破口快速喷放，300s 后，由于没有安注流量的注入，回路冷却剂存量已很少，而冷却剂仍从破口处缓慢流出。

图 4-26 是 4 种"UO$_2$ 芯块-ATF 包壳"组合，在 SBLOCA 叠加安注失效事故，从 MCT 和 MFCT 的响应曲线，不难看出，各组合的 MCT 和 MFCT 响应趋势一致，并无太大差异。反应堆停堆后，MCT 和 MFCT 随着热功率的降低而下降，但是由于全部安注系统失效，堆芯冷却剂逐渐干涸，无法及时带走堆芯的衰变热，因此当瞬态进行至 2640s 时，MCT 和 MFCT 开始增大。约在 3690s 时，MCT 上升至 1477K，此时 Zr 包壳失效；约在 4000s 时，MCT 上升至 1773K，此时 FeCrAl 包壳失效，FeCrAl 包壳的失效时间比 Zr 包壳的失效时间延长了约 310s；HNLS/ML-A 和 SA3/PyC150-A 两种包壳由于熔点最高，其未在计算时间内失效。MFCT 与 MCT 的差值在 10K 左右，MFCT 未在计算时间内达到 UO$_2$ 的失效准则温度。

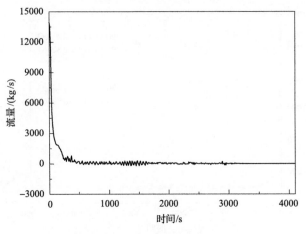

图 4-24　安注失效后堆芯流量

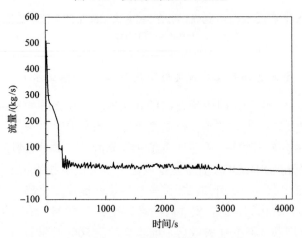

图 4-25　安注失效后破口流量

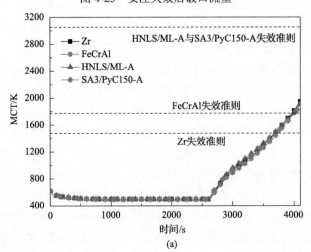

(a)

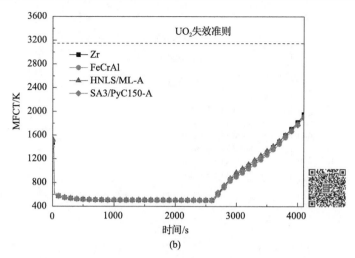

(b)

图 4-26　SBLOCA 叠加安注失效事故，"UO$_2$ 芯块-ATF 包壳"组合温度变化（彩图扫二维码）
(a) MCT；(b) MFCT

图 4-27 为不同"ATF 芯块-包壳"组合在 SBLOCA 叠加安注失效事故 MCT 和 MFCT 的变化情况。由图可知，在该事故下，采用不同的 ATF 芯块，MCT 仍在 4000s 左右到达 FeCrAl 包壳失效温度，而 MCT 并不会在计算时间内到达 HNLS/ML-A 和 SA3/PyC150-A 包壳的失效温度。采用不同的 ATF 芯块，MFCT 也与常规 UO$_2$ 芯块的 MFCT 基本相同。总而言之，采用不同的 ATF 材料对 MCT 和 MFCT 的变化趋势影响不大。值得注意的是，尽管 MFCT 在计算时间内均没有到达各芯块材料的熔点，但由于各材料的失效温度不同，在计算时间结束时，各芯块的距离失效温度的裕量值也有较大不同。在计算时间结束时，3 种不同混合比例的 UO$_2$+BeO 复合物芯块材料的 MFCT 距离其失效温度约有 860K，UO$_2$+SiC 的 MFCT 距离其失效温度约有 1200K，常规 UO$_2$ 芯块的 MFCT 则距离其失效温度同样约为

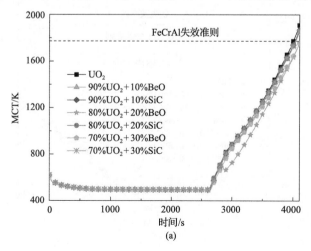

(a)

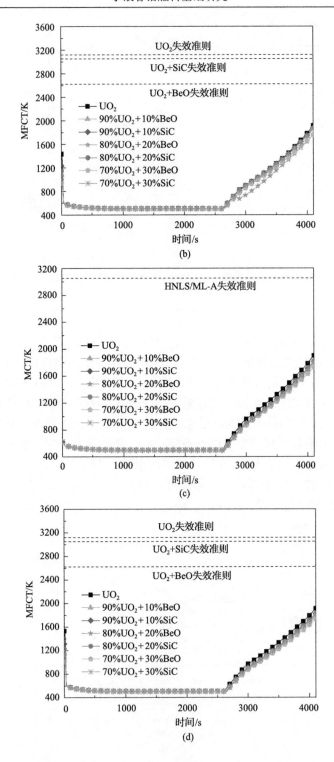

(b)

(c)

(d)

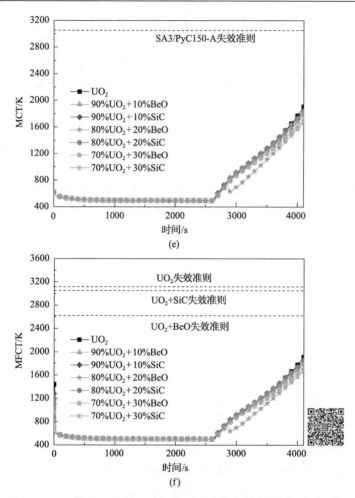

图 4-27 不同"ATF 芯块-包壳"组合在 SBLOCA 叠加安注失效事故
MCT 和 MFCT 的变化情况(彩图扫二维码)

(a)FeCrAl 包壳对应的不同芯块的 MCT;(b)FeCrAl 包壳对应的不同芯块的 MFCT;(c)HNLS/ML-A 包壳对应的不同芯块的 MCT;(d)HNLS/ML-A 包壳对应的不同芯块的 MFCT;(e)SA3/PyC150-A 包壳对应的不同芯块的 MCT;(f)SA3/PyC150-A 包壳对应的不同芯块的 MFCT

1200K。UO_2+BeO 芯块由于其熔点较低,所以其裕量值也最小,而 UO_2+SiC 和常规 UO_2 则相差不大。根据图 4-27(b, d, f)MFCT 的变化趋势,MFCT 将最快上升至 UO_2+BeO 的失效温度,其次将上升至 UO_2+SiC 芯块和常规 UO_2 芯块的失效温度。

4.3.2 装载 ATF 的 CPR1000 反应堆系统的 LBLOCA 事故热工水力分析

1. 基于 RELAP5 的冷管段双端断裂 LBLOCA 模型

反应堆冷管段双端剪切断裂 LBLOCA 事故是最极限最严重的 LOCA 事故,

本节所研究的冷管段双端断裂 LBLOCA 模型中，断裂的位置处于环路 A 冷管段的部件 245 和部件 250 之间，如图 4-28 所示。在原本的 245 部件和 250 部件之间设置了一个触发阀（trpvlv）950，阀门全开时的流通面积与冷管段冷却剂流通面积相等。245 部件的出口和 250 部件的入口也分别接上触发阀 952 和 951，两阀门全开时的流通面积与冷管段冷却剂流通面积相等，用于模拟剪切断裂后的双端破口。两触发阀另一端连接两个无限大的时间相关部件 TDV960 和 TDV965，设置为常温常压，用于模拟安全壳环境，接收从破口喷放出来的冷却剂。冷管段剪切断裂前，触发阀 950 打开，触发阀 951 和 952 关闭，反应堆回路封闭，反应堆稳态运行。冷管段剪切断裂发生，触发阀 950 瞬间关闭，同时触发阀 951 和 952 打开，系统发生 LBLOCA 事故瞬态，冷却剂从两端的破口排放到安全壳中。

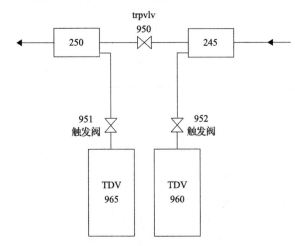

图 4-28 大破口事故模型冷管段双端断裂 LBLOCA 事故响应分析

反应堆一回路的环路 A 的冷管段在 0s 时发生了双端剪切断裂事故，事故响应序列如表 4-6 所示，反应堆一回路各参数如图 4-29～图 4-34 所示。图 4-32 为从两端破口流至安全壳中的流量，破口一端是指与压力容器相连的一端，而破口二端是指与冷却剂主泵相连的一端，在发生冷管段双端断裂事故后，冷却剂从断裂破口的两端急剧喷放至安全壳中，破口一端的冷却剂流量峰值达到了 18900kg/s，破口二端的冷却剂流量峰值达到了 10800kg/s。图 4-29 为回路压力的变化情况，在发生该事故后，由于冷却剂的急剧喷放，回路压力快速降低，在 3s 内降至 13MPa 以下，触发停堆信号，在 30s 时，压力已降低至 0.105MPa，接近外部安全壳的压力，在 130s 后，压力稳定在 0.18MPa 左右。图 4-31 为流经反应堆堆芯热点处的流量，堆芯流量在事故发生后急剧降低，在 10s 左右，堆芯流量已降至零值附近波动，在 40～45s，堆芯流量突然出现一个峰值，此时为高压安注箱的注入冷却水流经堆芯热点所致，在后续的时间内，堆芯仍有一定的冷却剂流量，这是由于安注系统冷却水的及时注入，使堆芯不至于干涸。高压安注箱流量和安注系统流量如图 4-33 和图 4-34 所示,高压安注箱在 40s 内排空,无法再给堆芯提供冷却作用,因此带走堆芯衰变热主要依靠安注系统的注入流量,如图所示,每个环路的安注系统在 204s 启动后,一直给一回路提供约 163kg/s 的冷却水流量。

表 4-6　LBLOCA 事故响应序列

事件	时间/s
破口产生	0
停堆	3
高压安注箱启动	10
高压安注箱排空	40
安注系统启动	204

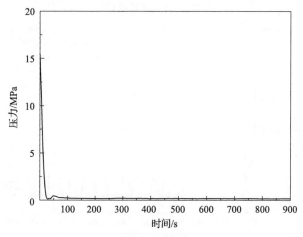

图 4-29　一回路压力

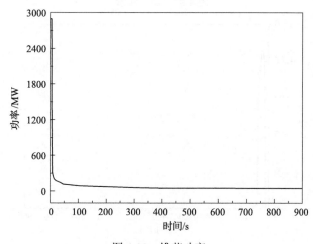

图 4-30　堆芯功率

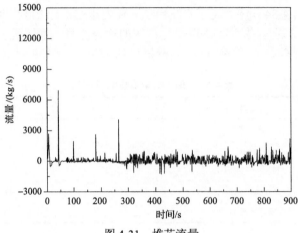

图 4-31　堆芯流量

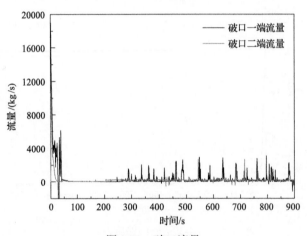

图 4-32　破口流量

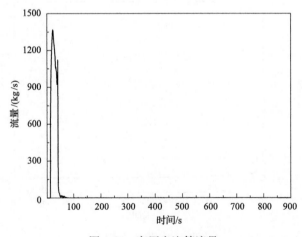

图 4-33　高压安注箱流量

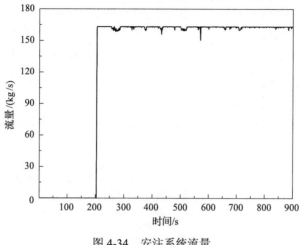

图 4-34　安注系统流量

2. 冷管段双端断裂 LBLOCA 事故下 ATF 的热工水力分析

图 4-35 是 4 种 "UO_2 芯块-ATF 包壳" 组合，在冷管段双端剪切断裂，MCT 和 MFCT 的响应曲线。在 0s 时，4 种包壳的 MCT 均为 620.87K，当冷管段发生剪切断裂时，堆芯冷却剂将很快出现倒流甚至滞止现象，包壳约在 3s 出现第一次峰值温度，Zr 第一次峰值温度为 892.38K，FeCrAl 为 920.34K，HNLS/ML-A 为 887.94K，SA3/PyC150-A 为 865.08K。随着反应堆停堆，功率快速下降，MCT 也降低。但是由于冷却剂不断从破口流失，在安注系统的注入流量到达堆芯之前，堆芯基本是裸露的，因此堆芯衰变热无法及时排出而使 MCT 重新升高并到达第二峰值温度，在本节的计算条件下，4 种包壳的第二峰值温度均小于第一峰值温度。在 200s 后，随着安注系统的介入，堆芯重新淹没，MCT 降低。4 种包壳中，

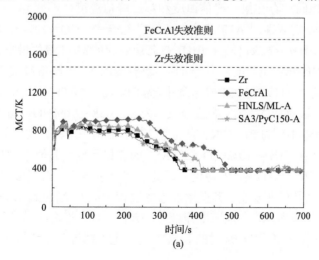

(a)

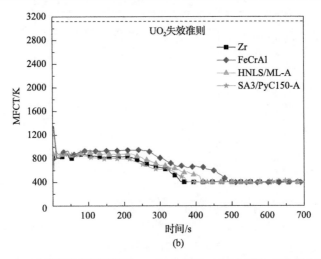

图 4-35　冷管段双端断裂事故，"UO₂ 芯块-ATF 包壳"组合温度变化
(a) MCT；(b) MFCT

FeCrAl 包壳的第一和第二峰值温度均为最高，比 Zr 包壳的峰值温度高约 30K，但由于 FeCrAl 的失效温度高于 Zr 的失效温度，FeCrAl 的温度裕量仍大于 Zr 包壳的温度裕量。由于 HNLS/ML-A 和 SA3/PyC150-A 的失效温度最高，其在事故过程中裕量也最大。MFCT 的变化趋势与 MCT 有所不同，在反应堆停堆后，4 种"UO₂ 芯块-ATF 包壳"组合对应的 MFCT 均明显下降，不出现第一峰值温度和第二峰值温度，在 50～500s 内，由于包壳不同热物性的影响，MFCT 有所差别，但均不超过 0s 时的 MFCT 值，更不超过 UO₂ 的失效温度。

　　图 4-36 为不同"ATF 芯块-包壳"组合在冷管段双端剪切断裂事故 MCT 和 MFCT 的变化情况。如图 4-36 (a, c, e) 所示，所有"ATF 芯块-包壳"组合的 MCT 变化趋势大致相同，存在第一峰值温度和第二峰值温度，不同 ATF 芯块对应的 MCT 的大小有一定区别。"ATF 芯块-FeCrAl"组合中，UO₂+10%BeO 芯块对应的 MCT 峰值最大，为 976.62K；UO₂+30%BeO 芯块对应的 MCT 峰值最小，为 843.59K。"ATF 芯块-HNLS/ML-A"组合中，UO₂ 芯块对应的 MCT 峰值最大，为 887.95K；UO₂+30%BeO 芯块对应的 MCT 峰值最小，为 814.48K。"ATF 芯块-SA3/PyC150-A"组合中，UO₂ 芯块对应的 MCT 峰值最大，为 865.08K；70%UO₂+30%BeO 芯块对应的 MCT 峰值最小，为 817.07K。从上述 MCT 数据中可知，与常规 UO₂ 芯块材料相比，除了"90%UO₂+10%BeO-FeCrAl"的燃料元件，其他"ATF 芯块-包壳"组合均能一定程度上降低 MCT 峰值。因此，在该事故下，合理应用 ATF 芯块能降低 MCT，不危及堆芯安全，甚至增加事故过程中的安全裕量。MFCT 的变化趋势如图 4-36 (b, d, f) 所示，在反应堆停堆后，所有"ATF 芯块-包壳"组合的 MFCT 均快速降低，此后不再超过 0s 时的 MFCT 值，也不超过各芯块材料的失效温度。

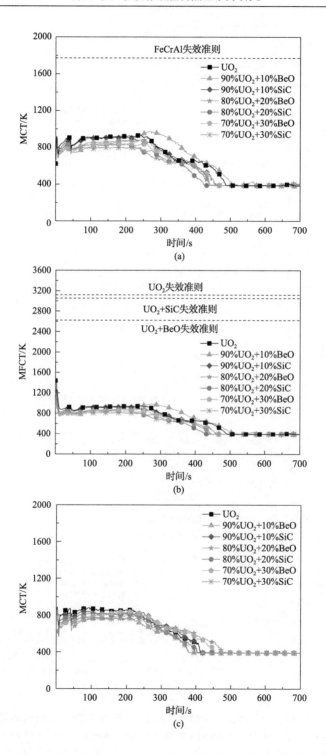

(a)

(b)

(c)

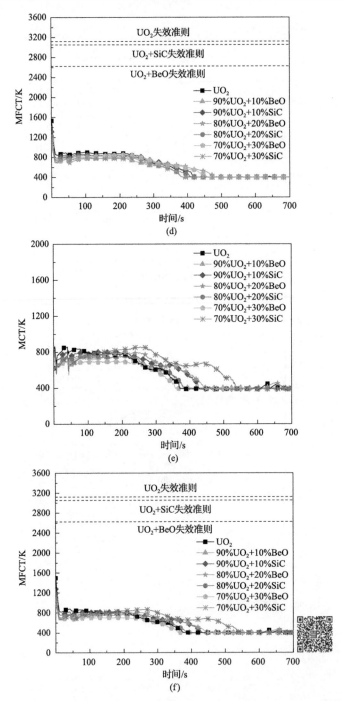

图 4-36　冷管段双端断裂事故，"ATF 芯块-包壳"组合温度变化趋势(彩图扫二维码)
(a) FeCrAl 包壳 MCT；(b) FeCrAl 包壳对应的 MFCT；(c) HNLS/ML-A 包壳 MCT；(d) HNLS/ML-A 包壳对应的
MFCT；(e) SA3/PyC150-A 包壳 MCT；(f) SA3/PyC150-A 包壳对应的 MFCT

4.3.3　小结

本节基于 4.2.4 小节建立的反应堆模型开展了 SBLOCA 和 LBLOCA 事故下 ATF 的热工水力特性分析。首先介绍了总破口面积为 $0.005m^2$ 的 SBLOCA 事故模型的构建过程，并通过一回路压力、堆芯功率、堆芯流量、破口流量、高压安注箱流量和安注系统流量等参数的变化详细描述了 SBLOCA 事故进程，分析了"UO$_2$ 芯块-ATF 包壳"和"ATF 芯块-FeCrAl 包壳"组合的 MCT 和 MFCT 在事故过程中的变化，结果表明各"ATF 芯块-包壳"组合的 MCT 与 MFCT 差别不大，且不超过燃料元件的失效准则。

安注系统存在失效的可能，因此本节开展了 SBLOCA 叠加全部安注失效事故下 ATF 的热工水力分析，由分析计算结果可知，各"ATF 芯块-包壳"MCT 与 MFCT 响应差别不大。由于全部安注系统失效，无法及时带走堆芯衰变热，Zr 包壳最早失效，FeCrAl 包壳失效时间延长了约 310s，而 HNLS/ML-A 和 SA3/PyC150-A 包壳未在计算时间内失效。ATF 芯块材料中，由于 UO$_2$+BeO 芯块材料的失效温度较低，最容易发生失效事故。

本节最后构建了冷管段双端断裂的 LBLOCA 事故模型，开展该事故下 ATF 的热工水力分析。由分析计算结果可知，4 种 ATF 包壳中，FeCrAl 包壳 MCT 峰值温度最高，但由于 FeCrAl 的失效温度高于 Zr 的失效温度，FeCrAl 的温度裕量仍大于 Zr 包壳的温度裕量。由于 HNLS/ML-A 和 SA3/PyC150-A 的失效温度最高，其在事故过程中裕量也最大。ATF 芯块与常规 UO$_2$ 芯块材料相比，除了 "90%UO$_2$+10%BeO-FeCrAl"的燃料元件，其他"ATF 芯块-包壳"组合均能一定程度上降低 MCT 峰值。事故过程中，各"ATF 芯块-包壳"组合的 MFCT 均低于稳态时 (0s) 的 MFCT 值。因此，在该事故下，合理应用 ATF 芯块能降低 MCT，不危及堆芯安全，甚至增加该事故过程中的安全裕量。

4.4　事故容错燃料子通道分析

前面基于 RELAP5 系统程序构建了 CPR1000 系统回路，开展了 ATF 的事故分析。但系统分析中，为了简化计算，将堆芯在高度方向上一维化处理，模型较粗糙。为了开展进一步的细致分析，探索事故容错燃料的传热机理及性能特性，下面将基于 4.2.5 节构建的子通道模型开展 ATF 的子通道分析，主要分为两个研究内容：①基于 1/8 堆芯子通道模型开展快速弹棒事故工况下 ATF 的热工水力分析；②基于 5×5 棒束子通道模型开展"升功率"、"降流量"、"降压"、"进口温度升高"4 个瞬态工况的 ATF 热工水力分析。

事故容错包壳 FeCrAl 和 SiC/SiC 的沸腾换热特性与常规 Zr 包壳存在一定的

差异，美国 Brown[18]、Lee[19]、Ali 等[20]及韩国的 Seo 等[21]研究发现，FeCrAl 和 SiC/SiC 包壳的接触角、粗糙度及表面微观结构均与常规 Zr 包壳存在差异，两种包壳的池式沸腾和流动沸腾情况下核态沸腾换热系数和临界热流密度(CHF)都有所提高。但对于这两种 ATF 包壳的沸腾换热性能研究仍处于初步的实验阶段，其沸腾特性曲线仍未被精确测定。因此，针对这一科学问题，将开展事故容错包壳沸腾特性的敏感性分析，探究核态沸腾换热系数、临界热流密度及膜态沸腾换热系数对堆芯安全性能的影响。

4.4.1　装载 ATF 的堆芯子通道分析

堆芯子通道模型是依据 Brown 等研究中的 1/8 堆芯进行构建，开展快速弹棒事故工况下的装载 ATF 堆芯子通道分析。针对 ATF 材料开展三种情况的计算分析：①在事故容错包壳无沸腾换热作用下，开展 ATF 芯块-包壳燃料元件系统的热工水力分析，并比较研究 ATF 元件与传统 UO_2/Zr 燃料元件的性能优劣；②基于 $UO_2/FeCrAl$ 燃料元件系统，对包壳的沸腾换热特性(核态沸腾换热系数、CHF 和膜态沸腾换热系数)开展敏感性分析；③包壳沸腾换热性能增强 10%的情况下，开展 ATF 芯块-包壳燃料元件系统的热工水力分析。

快速弹棒事故中，弹棒引入正的反应性，堆芯功率瞬间上升，触发中子注量率过高保护，引起反应堆停堆，功率又快速降低，快速弹棒事故过程很快，堆芯冷却剂流量变化不大，因此在堆芯子通道分析中，保持堆芯进口流量不变。首先开展快速弹棒事故过程中，不同峰值功率对燃料元件温度的影响分析。图 4-37 为快速弹棒事故过程的功率变化曲线，图中"参考功率曲线"是根据 2012 年 Tabadar 等[22]对弹棒事故的研究所得到的功率变化曲线，"临界功率曲线"代表刚好使堆芯发生沸腾临界现象的功率变化曲线，"本研究功率曲线"指用于本研究计算模拟的功率变化曲线。在前 2s，堆芯满负荷稳态运行，2s 后堆芯进入快速弹棒事故工况。图 4-38 为不同峰值功率对应的燃料元件在整个事故过程的峰值温度，燃料中心峰值温度(peak fuel centerline temperature，PFCT)随着峰值功率的增大而接近线性增大，这意味着在事故过程中 PFCT 主要受峰值功率的影响。然而，包壳峰值温度(peak cladding temperature，PCT)在峰值功率低于 440%满功率时并无明显增大，而当峰值功率超过了 440%满功率后，PCT 则突然增大了 200～400K。这是因为 PCT 主要受包壳沸腾换热机制影响，峰值功率低于 440%满功率时，包壳与冷却剂之间的换热为对流换热和核态沸腾换热，包壳换热能力强，PCT 较小。峰值功率大于 440%满功率时，堆芯某处包壳的热流密度过大，超过了相应的 CHF 值，该处发生膜态沸腾，包壳与冷却剂之间的换热严重恶化，导致 PCT 突然增大，引发安全问题。本研究选择峰值功率为 500%满功率的功率变化曲线，开展后续的装载 ATF 堆芯子通道计算分析。

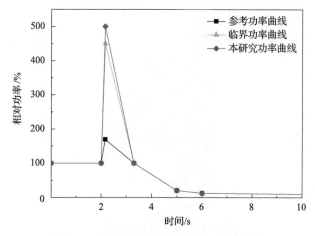

图 4-37　快速弹棒事故瞬态相对功率变化

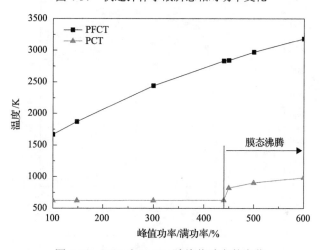

图 4-38　PCT 和 PFCT 随峰值功率的变化

1. 无沸腾换热增强，装载 ATF 堆芯子通道分析

根据 COBRA-EN 程序的计算结果，所有的"ATF 芯块-包壳"组合的热点均位于图 4-39 所示的红色子通道处。由图可知，热点所在的通道位于功率因子最大的通道或邻近功率因子较大的通道，主要原因在于功率因子最大的通道同时也位于堆芯靠近中部的位置，燃料元件的热流密度大，热量难以及时被冷却剂带走。

首先针对以 UO_2 为芯块燃料结合不同 ATF 包壳组成的燃料元件系统开展分析研究。图 4-40 为 UO_2 结合不同包壳的燃料元件系统在瞬态过程的温度变化曲线，表 4-7 对这 4 种燃料元件系统的 PCT、PFCT、膜态沸腾持续时间(film boiling duration time，FBDT)和燃料元件上膜态沸腾长度(film boiling length，FBL)进行了汇总。由图 4-40(a)可知，4 种燃料元件高度方向上 MCT 在 2s 前基本相等。而

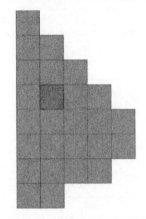

图 4-39　堆芯热通道示意图

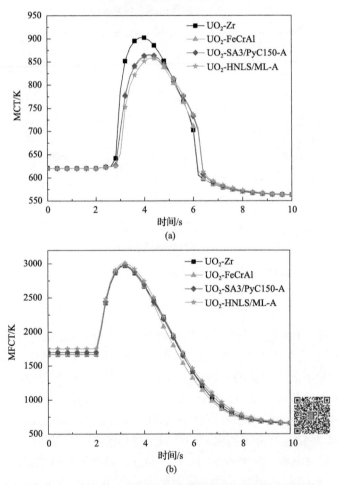

图 4-40　"UO$_2$-ATF 包壳"温度变化情况(彩图扫二维码)

(a) MCT；(b) MFCT

表 4-7　"UO$_2$/ATF 包壳"燃料元件温度和膜态沸腾相关数据

燃料元件组合	PCT/K	PFCT/K	FBDT/s	FBL/m
UO$_2$-Zr	902.5	2970	3.2	1.016
UO$_2$-FeCrAl	863.6	2979.4	3.0	1.016
UO$_2$-SA3/PyC150-A	865.6	2984.2	3.2	0.813
UO$_2$-HNLS/ML-A	857.2	3012.3	3.2	0.813

在 2s 后，快速弹棒事故瞬态开始，功率飞升，MCT 并没有马上快速上升。MCT 在 2.8s 后突然上升，这是由于燃料元件热流密度过大，超过了 CHF 值，造成了膜态沸腾的发生。在整个事故过程，4 种包壳都发生了膜态沸腾，MCT 大约在 4s 时达到峰值，4 种包壳的峰值温度均超过了 857.2K，其中 Zr 包壳的 PCT 最大。从表 4-7 可知，与 UO$_2$/Zr 燃料元件相比，使用了事故容错包壳的其他三种燃料元件能一定程度上降低 PCT：FeCrAl 包壳使 PCT 降低了 38.9K；SA3/PyC150-A 包壳降低了 36.9K；HNLS/ML-A 包壳降低了 45.3K。所有四种包壳的膜态沸腾持续时间都达到了 3.0s，SA3/PyC150-A 和 HNLS/ML-A 包壳的膜态沸腾长度则略小于其他两种包壳。图 4-40(b) 为 MFCT 变化曲线，不同于 MCT 在 2s 前的稳态工况，不同包壳的 MFCT 存在差别，Zr 和 FeCrAl 包壳的 MFCT 较小，HNLS/ML-A 包壳的 MFCT 最大。在 2s 后，事故瞬态开始，MFCT 随着功率的增大而迅速上升，约在 3s 时达到了峰值，而后随着功率的衰减而下降。从表 4-7 可知，与 UO$_2$-Zr 燃料元件相比，使用了事故容错包壳的其他三种燃料元件会使 PFCT 增大：FeCrAl 包壳使 PFCT 增大了 9.4K；SA3/PyC150-A 包壳增大了 14.2K；HNLS/ML-A 包壳增大了 42.3K。UO$_2$-HNLS/ML-A 燃料元件的 PFCT 最大，达到了 3012.3K。结合 PCT 和 PFCT 综合分析可知，事故容错包壳的使用将降低 PCT 而升高 PFCT。产生这种现象的主要原因是 SA3/PyC150-A 和 HNLS/ML-A 包壳的热导率较小，一定程度上阻碍了芯块的热量导出到冷却剂，因此 PCT 较低而 PFCT 较高。而 FeCrAl 包壳热导率与 Zr 包壳的热导率相差不大，造成 FeCrAl 包壳较低的 PCT 和较高的 PFCT 可能原因在于 FeCrAl 包壳比定压热容和厚度与 Zr 包壳的差别。在快速弹棒事故中，UO$_2$-FeCrAl 燃料元件有较低的 PCT 同时有相对适中的 PFCT 值，因此 FeCrAl 是三种事故容错包壳中性能最好的一种。

使用了 UO$_2$-BeO、UO$_2$-SiC 复合燃料后，其 MCT 和 MFCT 的变化曲线与传统的 UO$_2$ 芯块燃料有很大不同。图 4-41 展示了 ATF 芯块结合 ATF 包壳各种组合的 MCT 和 MFCT 曲线，表 4-8 汇总了各种"ATF 芯块-包壳"组合的 PCT、PFCT、FBDT 和 FBL 值。由图 4-41(b, d, f) 可知，无论是稳态(2s 前)还是瞬态(2s 后)，UO$_2$-BeO/SiC 复合物燃料的 MFCT 均比传统 UO$_2$ 芯块燃料的 MFCT 明显降低。并且 BeO 和 SiC 体积分数越高，MFCT 降低得越多。UO$_2$-30%BeO 芯块燃料的 MFCT 最小，在稳态，该复合物燃料 MFCT 比 UO$_2$ 燃料降低约 600K，在事故瞬态过程,其 PFCT 更是比 UO₂ 的 PFCT 降低了约 800K。加入相同体积分数的 BeO 和 SiC,UO₂-BeO 复合物燃料的 PFCT 总是低于 UO₂-SiC 复合物燃料的 PFCT。这是由于相同体积分数下,UO₂-BeO 热导率要大于 UO₂-SiC 热导率(图 4-1)。然而,由图 4-41(a, c, e)可知,传统 UO₂ 燃料的 PCT 值是所有燃料中最小的,UO₂-30%SiC 和 UO₂-30%BeO 燃料的 PCT 值是所有燃料中最大的两种,分别比 UO₂ 的 PCT 高了 50~60K 及 40~50K,这一现象与 PFCT 的表现刚好相反。由表 4-8 可知,所有 ATF 芯块燃料的膜态沸腾持续时间相差不大,为 3~3.2s,而其膜态沸腾长度则明显比传统 UO₂ 燃料的膜态沸腾长度长。这些参数均可表明,尽管 UO₂-BeO 及 UO₂-SiC 复合物芯块燃料的应用可显著降低 PFCT,但会造成弹棒事故工况下更严重的包壳传热恶化现象。产生这种现象的主要原因在于复合物燃料的高热导率,在快速弹棒事故工况下,由于热传导滞后,热量在芯块内部积累,高热导率的复合物燃料在单位时间内传递到包壳的热量增大,因此包壳的热流密度增大,

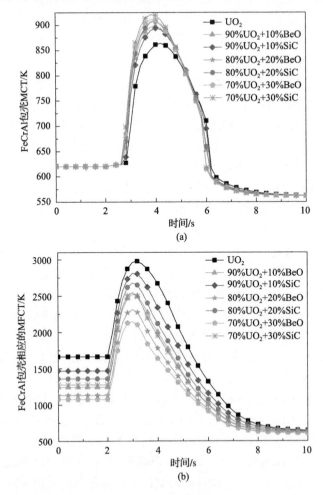

(a)

(b)

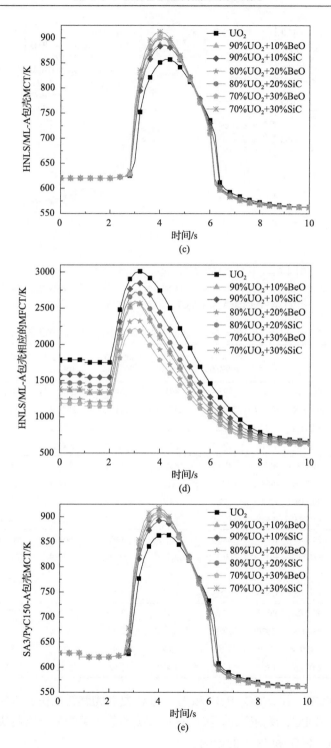

(c)

(d)

(e)

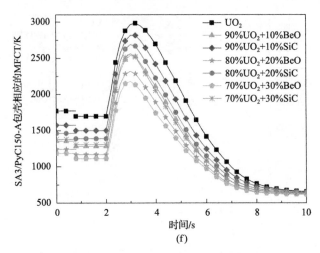

图 4-41 不同"ATF 芯块-包壳"组合的温度变化情况

(a) FeCrAl 包壳 MCT；(b) FeCrAl 包壳 MFCT；(c) HNLS/ML-A 包壳 MCT；(d) HNLS/ML-A 包壳 MFCT；
(e) SA3/PyC150-A 包壳 MCT；(f) SA3/PyC150-A 包壳 MFCT

表 4-8 "ATF 芯块-包壳"燃料元件温度和膜态沸腾相关数据

燃料元件组合		UO_2	90%UO_2+10%BeO	90%UO_2+10%SiC	80%UO_2+20%BeO	80%UO_2+20%SiC	70%UO_2+30%BeO	70%UO_2+30%SiC
FeCrAl	PCT/K	863.6	897.4	893.7	907.3	908.1	910.9	920.6
	PFCT/K	2979.4	2522.7	2809.1	2311.3	2678.2	2143.3	2545.7
	FBDT/s	3	3.2	3.2	3	3.2	3	3
	FBL/m	1.016	1.625	1.219	1.625	1.422	1.829	1.829
SA3/PyC150-A	PCT/K	857.2	886.7	885.2	898.6	901.2	902.4	911.9
	PFCT/K	2984.2	2537.6	2815.2	2318.8	2688.5	2176.9	2561
	FBD/s	3.2	3	3.2	3	3	3	3.2
	FBL/m	0.813	1.219	1.106	1.422	1.422	1.422	1.422
HNLS/ML-A	PCT/K	857.2	886.7	885.2	898.6	901.2	902.4	911.9
	PFCT/K	3012.3	2561.1	2846.9	2355.6	2721.9	2221.1	2598.6
	FBDT/s	3.2	3	3.2	3	3	3	3.2
	FBL/m	0.813	1.219	1.106	1.422	1.422	1.422	1.422
Zr	PCT/K	902.5	923.5	918.9	915.9	920.5	902.9	917.1
	PFCT/K	2970	2463.3	2747.2	2202	2557.6	2006.2	2372.4
	FBDT/s	3.2	3	3.2	3	3.2	3.2	3.2
	FBL/m	1.016	1.422	1.422	1.422	1.422	1.422	1.422

从而增大了 PCT。由于 UO_2-BeO 和 UO_2-SiC 复合物燃料在快速弹棒事故工况下会造成 PFCT 和 PCT 反向变化，因此设计装载高热导率的复合物芯块燃料的反应堆要综合考虑 PFCT 和 PCT 的影响。

根据上述包壳表面温度分析，瞬态过程中，不同"ATF 芯块-包壳"组合的 PCT 均出现在 4s 时，图 4-42 列出了 4 种"UO$_2$-ATF 包壳"组合在 T=0s 和 T=4s 时，堆芯出口处冷却剂温度、质量流量和空泡份额的对比图。对于 4 种"UO$_2$-ATF 包壳"组合，均有以下规律：①T=0s 时，堆芯各子通道出口温度有所差别，热通道的出口温度最高。而当 T=4s 时，由于部分子通道发生了沸腾，该部分子通道的堆芯出口温度达到了饱和温度 618.73K，而堆芯外围的子通道由于功率因子较小，堆芯出口温度未达饱和温度。②T=0s 时，热通道处的质量流量是最小的，堆芯外围的子通道流量较大，这是由于热通道冷却剂温度越高，比体积越大，冷却剂越趋向于流向旁边子通道，但各子通道间的质量流量差异并不大，在 300kg/(m^2·s) 以内。当 T=4s 时，热通道处的质量流量仍为最小，堆芯外围的子通道流量较大，各子通道间的质量流量差异较大，流量差异最大达到了 1200kg/(m^2·s)。③由于反应堆稳态运行时，堆内几乎不发生沸腾，因此 T=0s 时，所有"UO$_2$-ATF 包壳"的堆芯出口空泡份额均为 0.000。而当 T=4s 时，由于堆芯发生了较为剧烈的沸腾现象，堆芯功率因子较大的子通道在堆芯出口处的空泡份额较大，UO$_2$-Zr 热通道空泡份额最大，为 0.529。④对比 4 种"UO$_2$-ATF 包壳"的堆芯出口参数，T=0s 时，ATF 包壳对堆芯出口参数的影响并不大；而 T=4s 时，ATF 包壳对堆芯出口的质量流量和空泡份额有一定影响。

图例：温度/K；质量流量 /[kg/(m^2·s)]；空泡份额

(a)

温度/K	质量流量/[kg/(m²·s)]	空泡份额
592.29	3712.3	0.000
598.90, 593.45	3664.1, 3704.0	0.000, 0.000
594.98, 604.67, 598.70	3692.8, 3615.7, 3664.3	0.000, 0.000, 0.000
603.93, 606.45, 605.71, 602.32	3621.8, 3599.0, 3606.2, 3634.9	0.000, 0.000, 0.000, 0.000
595.05, 592.97, 598.37, 605.65, 598.68	3693.3, 3707.9, 3667.4, 3607.0, 3665.7	0.000, 0.000, 0.000, 0.000, 0.000
589.00, 597.69, 599.58, 587.70, 580.04	3735.3, 3673.4, 3658.5, 3744.4, 3790.6	0.000, 0.000, 0.000, 0.000, 0.000
585.00, 590.38, 584.41, 574.37	3761.2, 3726.7, 3764.9, 3821.8	0.000, 0.000, 0.000, 0.000
574.27, 572.05	3822.7, 3833.9	0.000, 0.000

(b)

温度/K	质量流量/[kg/(m²·s)]	空泡份额
594.86	3693.9	0.000
600.62, 596	3649.1, 3685.4	0.000, 0.000
597.11, 604.16, 600.40	3677.0, 3619.1, 3651.1	0.000, 0.000, 0.000
604.48, 605.94, 605.22, 602.89	3616.5, 3603.4, 3609.9, 3630.5	0.000, 0.000, 0.000, 0.000
596.47, 592.59, 597.93, 605.14, 595.75	3682.2, 3710.5, 3671.0, 3610.9, 3687.9	0.000, 0.000, 0.000, 0.000, 0.000
590.14, 597.23, 599.11, 587.35, 579.70	3727.6, 3676.6, 3661.9, 3746.2, 3792.4	0.000, 0.000, 0.000, 0.000, 0.000
585.44, 590, 584.08, 574.13	3758.4, 3728.9, 3766.7, 3822.9	0.000, 0.000, 0.000, 0.000
573.67, 571.85	3825.5, 3834.8	0.000, 0.000

(c)

图例：温度/K；质量流量/[kg/(m²·s)]；空泡份额

591.88				
3715.3				
0.000				
598.86	593.42			
3663.2	3704.2			
0.000	0.000			
594.58	604.63	598.31		
3696.0	3614.7	3667.6		
0.000	0.000	0.000		
603.53	606.42	605.68	602.29	
3624.5	3598.6	3605.4	3635.3	
0.000	0.000	0.000	0.000	
594.66	592.95	598.35	605.62	598.65
3695.6	3708.0	3667.6	3606.2	3665.5
0.000	0.000	0.000	0.000	0.000
588.97	597.65	599.55	587.67	580.01
3735.5	3673.2	3658.2	3744.2	3790.8
0.000	0.000	0.000	0.000	0.000
585.34	590.35	584.38	574.34	
3759.1	3726.5	3765.0	3822.0	
0.000	0.000	0.000	0.000	
574.65	572.03			
3820.6	3834.2			
0.000	0.000			

(d)

图例：温度/K；质量流量/[kg/(m²·s)]；空泡份额

591.88				
3715.3				
0.000				
598.86	593.42			
3663.2	3704.3			
0.000	0.000			
594.58	604.63	598.31		
3696.0	3614.7	3667.6		
0.000	0.000	0.000		
603.53	606.42	605.68	602.29	
3624.5	3598.6	3605.4	3635.3	
0.000	0.000	0.000	0.000	
594.66	592.95	598.35	605.62	598.65
3695.6	3708.0	3667.6	3606.2	3665.5
0.000	0.000	0.000	0.000	0.000
588.97	597.65	599.55	587.67	580.01
3735.5	3673.2	3658.2	3744.2	3790.8
0.000	0.000	0.000	0.000	0.000
585.34	590.35	584.38	574.34	
3759.1	3726.5	3765.0	3822.0	
0.000	0.000	0.000	0.000	
574.65	572.03			
3820.6	3834.2			
0.000	0.000			

(e)

图例：温度/K；质量流量/[kg/(m²·s)]；空泡份额

618.73				
3548.0				
0.129				
618.73	618.73			
3117.8	3463.3			
0.363	0.177			
618.73	618.73	618.73		
3358.0	2841.5	3116.2		
0.235	0.503	0.365		
618.73	618.73	618.73	618.73	
2871.3	2789.2	2814.4	2910.9	
0.489	0.529	0.516	0.469	
618.73	618.73	618.73	618.73	618.73
3311.7	3426.5	3107.7	2817.7	3081.8
0.258	0.196	0.367	0.513	0.380
618.73	618.73	618.73	617.72	605.94
3690.6	3210.2	3075.6	3715.7	3911.1
0.046	0.310	0.381	0.036	0.000
611.69	618.73	611.78	596.40	
3844.7	3641.2	3846.0	3992.8	
0.000	0.068	0.000	0.000	
595.45	592.68			
3998.6	4021.4			
0.000	0.000			

(f)

图例：温度/K；质量流量/[kg/(m²·s)]；空泡份额

618.73				
3463.5				
0.118				
618.73	618.73			
3107.0	3394.0			
0.320	0.159			
618.73	618.73	618.73		
3318.7	2915.0	3112.3		
0.202	0.424	0.318		
618.73	618.73	618.73	618.73	
2930.8	2909.4	2929.1	2973.6	
0.416	0.426	0.416	0.393	
618.73	618.73	618.73	618.73	618.73
3326.3	3532.5	3237.9	2932.1	3354.6
0.196	0.076	0.246	0.413	0.180
616.10	618.73	618.73	613.24	602.04
3674.6	3336.0	3201.2	3722.7	3832.3
0.007	0.188	0.265	0.000	0.000
609.11	615.21	607.94	593.2	
3762.6	3696.2	3775.8	3903.0	
0.000	0.000	0.000	0.000	
591.96	589.54			
3911.9	3929.6			
0.000	0.000			

(g)

| 温度/K |
| 质量流量/[kg/(m²·s)] |
| 空泡份额 |

617.99 / 3640.0 / 0.046

618.73　618.73 / 3226.9　3553.4 / 0.276　0.093

618.73　618.73　618.73 / 3485.1　2896.9　3248.1 / 0.133　0.452　0.265

618.73　618.73　618.73　618.73 / 2961.2　2880.0　2904.7　3011.2 / 0.419　0.461　0.448　0.393

618.73　618.73　618.73　618.73　618.73 / 3453.4　3531.4　3220.9　2877.8　3194.4 / 0.149　0.104　0.279　0.461　0.293

614.99　618.73　618.73　614.26　603.11 / 3749.4　3319.7　3183.5　3761.9　3876.0 / 0.000　0.221　0.297　0.000　0.000

609.18　616.09　608.69　593.79 / 3810.5　3711.5　3818.2　3950.9 / 0.000　0.012　0.000　0.000

593.63　590.12 / 3949.9　3976.7 / 0.000　0.000

(h)

| 温度/K |
| 质量流量/[kg/(m²·s)] |
| 空泡份额 |

617.86 / 3626.7 / 0.042

618.73　618.73 / 3220.0　3540.6 / 0.270　0.089

618.73　618.73　618.73 / 3475.0　2913.9　3242.5 / 0.127　0.435　0.258

618.73　618.73　618.73　618.73 / 2952.5　2864.4　2920.1　3005.3 / 0.415　0.460　0.431　0.387

618.73　618.73　618.73　618.73　618.73 / 3444.6　3521.2　3215.4　2890.0　3190.0 / 0.143　0.098　0.271　0.446　0.285

614.79　618.73　618.73　614.01　603.00 / 3731.7　3310.3　3175.8　3743.0　3854.6 / 0.000　0.216　0.291　0.000　0.000

609.06　615.96　608.54　593.7 / 3790.5　3696.0　3798.1　3929.1 / 0.000　0.010　0.000　0.000

593.57　590.02 / 3928.3　3955.1 / 0.000　0.000

图 4-42　堆芯出口处冷却剂温度、质量流量和空泡份额（彩图扫二维码）

(a) UO₂-Zr, T=0s；(b) UO₂-FeCrAl, T=0s；(c) UO₂-HNLS/ML-A, T=0s；(d) UO₂-SA3/PyC150-A, T=0s；(e) UO₂-Zr, T=4s；(f) UO₂-FeCrAl, T=4s；(g) UO₂-HNLS/ML-A, T=4s；(h) UO₂-SA3/PyC150-A, T=4s

图 4-43 列出了 3 种"不同芯块-FeCrAl 包壳"组合在 T=0s 和 T=4s 时，堆芯出口处冷却剂温度、质量流量和空泡份额的对比图。

2. 包壳沸腾换热特性敏感性分析

在本节的快速弹棒事故工况中，并不出现过渡沸腾，因此本节不开展过渡沸腾换热系数的敏感性分析。敏感性分析基于 UO₂-FeCrAl 燃料元件开展，以作为其他 ATF 包壳的参考。敏感性因子的选取如表 4-9 所示，核态沸腾换热系数 h_{nb}、膜态沸腾换热系数 h_{fb} 及 CHF 的敏感性因子均选为 1.0～1.3。

图 4-44 展示了各敏感性因子对 UO₂/FeCrAl 燃料元件 MCT 和 MFCT 曲线的影响。由图 4-44(b, d, f)可知，在瞬态前期，核态沸腾、膜态沸腾换热系数以及 CHF 的增大对 MFCT 的影响很小，PFCT 仍保持 2979.4K。而当瞬态时间到 4.8s 后，敏感性因子对 MFCT 才产生一定的影响作用。这种现象主要由传热延迟现象导致，敏感性因子增大意味着沸腾换热增强，但由于功率增长得太快，尽管沸腾换热增强，仍无法及时将热量导出，因此无法降低 PFCT。图 4-44(a, c, e)展示了沸腾换热系数及 CHF 的增大对 MCT 的影响。在 2s 前，堆芯稳态运行，主要包壳与冷却剂间以液相对流的方式进行换热，因此增大核态沸腾、膜态沸腾换热系数

(a)

温度/K
质量流量/[kg/(m²·s)]
空泡份额

594.86				
3693.9				
0.000				
600.62	596			
3649.1	3685.4			
0.000	0.000			
597.11	604.16	600.40		
3677.0	3619.1	3651.1		
0.000	0.000	0.000		
604.48	605.94	605.22	602.89	
3616.5	3603.4	3609.9	3630.5	
0.000	0.000	0.000	0.000	
596.47	592.59	597.93	605.14	595.75
3682.2	3710.5	3671.0	3610.9	3687.9
0.000	0.000	0.000	0.000	0.000
590.14	597.23	599.11	587.35	579.70
3727.6	3676.6	3661.9	3746.2	3792.4
0.000	0.000	0.000	0.000	0.000
585.44	590	584.08	574.13	
3758.4	3728.9	3766.7	3822.9	
0.000	0.000	0.000	0.000	
573.67	571.85			
3825.5	3834.8			
0.000	0.000			

(b)

温度/K
质量流量/[kg/(m²·s)]
空泡份额

594.86				
3693.9				
0.000				
600.62	596			
3649.1	3685.4			
0.000	0.000			
597.11	604.16	600.40		
3677.0	3619.1	3651.1		
0.000	0.000	0.000		
604.48	605.94	605.22	602.89	
3616.5	3603.4	3609.9	3630.5	
0.000	0.000	0.000	0.000	
596.47	592.59	597.93	605.14	595.75
3682.2	3710.5	3671.0	3610.9	3687.9
0.000	0.000	0.000	0.000	0.000
590.14	597.23	599.11	587.35	579.70
3727.6	3676.6	3661.9	3746.2	3792.4
0.000	0.000	0.000	0.000	0.000
585.44	590	584.08	574.13	
3758.4	3728.9	3766.7	3822.9	
0.000	0.000	0.000	0.000	
573.67	571.85			
3825.5	3834.8			
0.000	0.000			

(c)

温度/K
质量流量/[kg/(m²·s)]
空泡份额

594.86				
3693.9				
0.000				
600.62	596			
3649.1	3685.4			
0.000	0.000			
597.11	604.16	600.40		
3677.0	3619.1	3651.1		
0.000	0.000	0.000		
604.48	605.94	605.22	602.89	
3616.5	3603.4	3609.9	3630.5	
0.000	0.000	0.000	0.000	
596.47	592.59	597.93	605.14	595.75
3682.2	3710.5	3671.0	3610.9	3687.9
0.000	0.000	0.000	0.000	0.000
590.14	597.23	599.11	587.35	579.70
3727.6	3676.6	3661.9	3746.2	3792.4
0.000	0.000	0.000	0.000	0.000
585.44	590	584.08	574.13	
3758.4	3728.9	3766.7	3822.9	
0.000	0.000	0.000	0.000	
573.67	571.85			
3825.5	3834.8			
0.000	0.000			

(d)

温度/K
质量流量/[kg/(m²·s)]
空泡份额

618.73				
346.35				
0.118				
618.73	618.73			
3107.0	3394.0			
0.320	0.159			
618.73	618.73	618.73		
3318.7	2915.0	3112.3		
0.202	0.424	0.318		
618.73	618.73	618.73	618.73	
2930.8	2929.4	2929.1	2973.6	
0.416	0.426	0.416	0.393	
618.73	618.73	618.73	618.73	618.73
3326.3	3532.5	3237.9	2932.1	3354.6
0.196	0.076	0.246	0.413	0.180
616.10	618.73	618.73	613.24	602.04
3674.6	3336.0	3201.2	3722.7	3832.3
0.007	0.188	0.265	0.000	0.000
609.11	615.21	607.94	593.2	
3762.6	3696.2	3775.8	3903.0	
0.000	0.000	0.000	0.000	
591.96	589.54			
3911.9	3929.6			
0.000	0.000			

(e)

温度/K
质量流量/[kg/(m²·s)]
空泡份额

618.73				
3325.4				
0.193				
618.73	618.73			
2961.4	3246.6			
0.395	0.238			
618.73	618.73	618.73		
3170.5	2883.8	2972.1		
0.281	0.436	0.390		
618.73	618.73	618.73	618.73	
2873.0	2819.7	2821.6	2913.8	
0.441	0.469	0.468	0.420	
618.73	618.73	618.73	618.73	618.73
3180.5	3412.1	3091.6	2826.2	3204.8
0.273	0.142	0.323	0.464	0.259
618.51	618.73	618.73	616.12	603.98
3566.0	3186.8	3052.2	3674.8	3803.0
0.048	0.267	0.343	0.002	0.000
611.31	617.7	610.09	594.6	
3726.6	3604.3	3741.9	3879.3	
0.000	0.030	0.000	0.000	
593.23	590.76			
3888.8	3907.5			
0.000	0.000			

(f)

温度/K
质量流量/[kg/(m²·s)]
空泡份额

618.73				
3388.2				
0.159				
618.73	618.73			
3022.5	3310.7			
0.363	0.203			
618.73	618.73	618.73		
3233.9	2915.7	3032.1		
0.247	0.420	0.359		
618.73	618.73	618.73	618.73	
2904.9	2838.6	2889.3	2953.4	
0.426	0.461	0.434	0.400	
618.73	618.73	618.73	618.73	618.73
3243.9	3468.2	3155.7	2859.5	3268.8
0.239	0.111	0.289	0.449	0.225
617.44	618.73	618.73	614.74	603.05
3618.1	3249.7	3114.3	3698.7	3815.6
0.027	0.233	0.310	0.000	0.000
610.25	616.61	609.07	593.89	
3741.7	3648.2	3756.1	3889.3	
0.000	0.013	0.000	0.000	
592.56	590.12			
3897.8	3915.9			
0.000	0.000			

图 4-43　3 种"不同芯块-FeCrAl 包壳"组合在 T=0s 和 T=4s 时，堆芯出口处冷却剂温度、流量和空泡份额的对比图（彩图扫二维码）

(a) VO$_2$-FeCrAl，T=0s；(b) VO$_2$-FeCrAl，T=4s；(c) VO$_2$-10BeO-FeCrAl，T=0s；(d) VO$_2$-10BeO-FeCrAl，T=4s；
(e) VO$_2$-10SiC-FeCrAl，T=0s；(f) VO$_2$-10SiC-FeCrAl，T=4s

表 4-9　沸腾换热系数及 CHF 的敏感性因子

项目	沸腾换热系数及 CHF	敏感性因子			
核态沸腾换热系数敏感性因子（W_{13}）	$h_{nb} = W_{13} \cdot h_{nb}$	1.0	1.1	1.2	1.3
膜态沸腾换热系数敏感性因子（W_{14}）	$h_{fb} = W_{14} \cdot h_{fb}$	1.0	1.1	1.2	1.3
CHF 敏感性因子（W_{15}）	$q_{CHF} = W_{15} \cdot q_{CHF}$	1.0	1.1	1.2	1.3

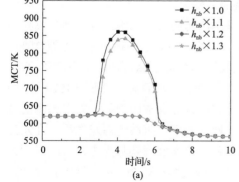

(a)

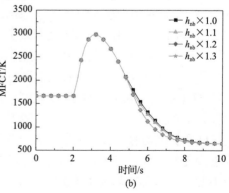

(b)

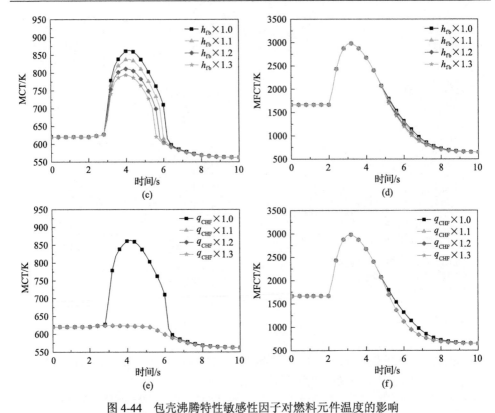

图 4-44　包壳沸腾特性敏感性因子对燃料元件温度的影响

(a) h_{nb} 敏感性因子对 MCT 的影响；(b) h_{nb} 敏感性因子对 MFCT 的影响；(c) h_{fb} 敏感性因子对 MCT 的影响；
(d) h_{fb} 敏感性因子对 MFCT 的影响；(e) q_{CHF} 敏感性因子对 MCT 的影响；(f) q_{CHF} 敏感性因子对 MFCT 的影响

及 CHF 对 MCT 影响不大。在 2s 后，堆芯进入事故瞬态，沸腾换热系数及 CHF 的增强显著改善甚至消除了膜态沸腾造成的传热恶化现象，MCT 和 PCT 均显著降低。

　　图 4-45 使用归一化参数的方法总结了核态沸腾换热系数、膜态沸腾换热系数和 CHF 敏感性因子对 PCT 的影响，$T_{peak,ref}$ 是敏感性因子为 1.0 时对应的 PCT 值。PCT 对 CHF 最为敏感，CHF 增大 10%就能消除膜态沸腾现象，同时 PCT 降低 27.5%，这是由于 CHF 的增大能有效延长核态沸腾的工况范围，推迟沸腾临界的发生。核态沸腾换热系数对 PCT 也有较大的影响，核态沸腾换热系数增强 10%，PCT 下降约 2.5%，当核态沸腾换热系数增强超过 20%，那么可消除膜态沸腾，PCT 下降 27.4%。图 4-46 展示了膜态沸腾持续时间(FBDT)和膜态沸腾长度(FBL)随敏感性因子的变化，结合该图可知，随着核态沸腾换热系数的增强，膜态沸腾的持续时间和长度均有所减小。产生这一现象的原因在于：事故瞬态发生后，在发生膜态沸腾前，包壳与冷却剂间的换热机制主要以核态沸腾换热为主，持续时间约为 1s(从 2s 到 3s)，增大了核态沸腾换热系数将增大燃料棒 2~3s 内导出到冷却剂

的热量，因此，3s 后从燃料棒导出到冷却剂的热量将减小，因此降低了 PCT。膜态沸腾换热系数对 PCT 的影响最小，由图 4-44（c）和图 4-46 可知，膜态沸腾换热系数的增强可降低 PCT、减小膜态沸腾持续时间，但无法减小膜态沸腾长度，更不能消除膜态沸腾。

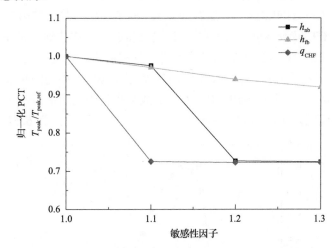

图 4-45　包壳沸腾特性敏感性因子对归一化 PCT 的影响

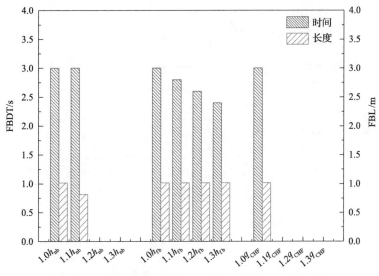

图 4-46　沸腾特性敏感性因子对 FBDT 和 FBL 的影响

3. 包壳沸腾换热增强 10%，装载 ATF 堆芯的子通道分析

由于包壳沸腾换热特性对燃料元件温度影响较大，本节假设 FeCrAl、SA3/PyC150-A 和 HNLS/ML-A 包壳的沸腾换热强度（包括核态沸腾、膜态沸腾换

热系数和 CHF)增强 10%，Zr 包壳沸腾换热无增强，开展堆芯子通道计算分析，相关计算结果如图 4-47～图 4-50 和表 4-10 所示。

　　"UO₂-ATF 包壳"的燃料元件系统的计算结果如图 4-47 所示。尽管 ATF 包壳的沸腾换热系数及 CHF 增强了 10%，但 PFCT 在对比无沸腾换热增强时的 PFCT 并无明显减小。UO₂-HNLS/ML-A 燃料元件的 PFCT 仍然为最大（3012.3K），UO₂-Zr 燃料元件的 PFCT 仍为最小（2970.0K）。这进一步解释了在快速弹棒事故下，由于传热延迟现象，PFCT 取决于峰值功率和燃料的热导率，而与包壳-冷却剂的换热机制无关。ATF 包壳的沸腾换热系数及 CHF 增强了 10%，能消除事故瞬态过程的膜态沸腾，PCT 显著降低。实际上，3 种事故容错包壳在事故瞬态过程中均为核态沸腾的换热机制，由图可知，三者 MCT 基本保持一致，约为 625K。

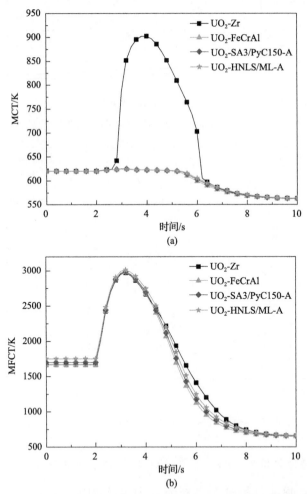

图 4-47　沸腾换热增强 10%，"UO₂-ATF 包壳"温度变化情况
(a) MCT；(b) MFCT

　　由前面的分析可知，UO₂-BeO 和 UO₂-SiC 复合物燃料由于其高热导率，在快速弹棒工况中，PFCT 有效降低，但会引起包壳进一步的传热恶化，增大 PCT。但 ATF 包壳沸腾换热强度增强 10%，能减缓甚至消除包壳传热恶化现象。图 4-48 展示了各种"ATF 芯块-包壳"组合的 MCT 及 MFCT 的变化曲线。UO₂、UO₂-10%SiC 芯块与 FeCrAl 包壳组合，UO₂、UO₂-10%SiC 芯块与 SA3/PyC150-A 包壳组合，UO₂、UO₂-10%SiC、UO₂-10%BeO 芯块与 HNLS/ML-A 包壳的组合没有出现传热恶化现象，其他"ATF 芯块-包壳"组合则均有不同程度的传热恶化现象。不难发现，热导率相对较小的芯块燃料的包壳传热恶化并没有热导率相对较大的芯块燃料严重，原因与前面的分析相似，热导率较低的 ATF 芯块燃料传递到包壳的热流密度较小，减轻了包壳-冷却剂间的换热恶化。尽管有部分"ATF 芯块-包壳"组合出现传热恶化，但 PCT、FBDT 和 FBL（表 4-10）仍显著低于无沸腾换热增强的计算结果（表 4-8）。

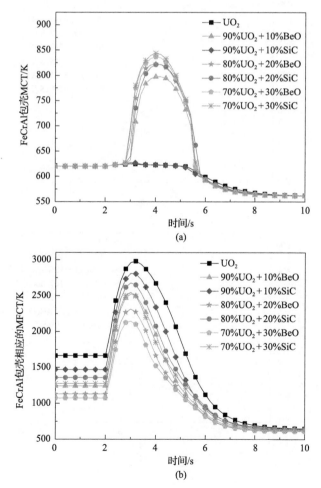

(a)

(b)

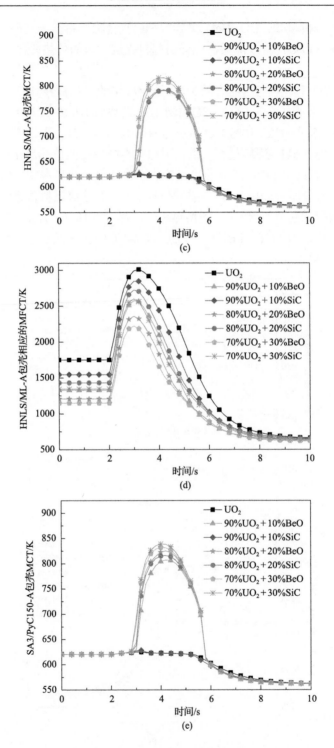

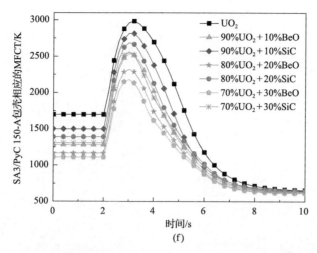

图 4-48　沸腾换热增强 10%，不同"ATF 芯块-包壳"组合的温度变化情况
(a)FeCrAl 包壳 MCT；(b)FeCrAl 包壳 MFCT；(c)HNLS/ML-A 包壳 MCT；(d)HNLS/ML-A 包壳 MFCT；
(e)SA3/PyC150-A 包壳 MCT；(f)SA3/PyC150-A 包壳 MFCT

表 4-10　沸腾换热增强 10%，"ATF 芯块-包壳"燃料元件温度和膜态沸腾相关数据

燃料元件组合		UO_2	90%UO_2+10%BeO	90%UO_2+10%SiC	80%UO_2+20%BeO	80%UO_2+20%SiC	70%UO_2+30%BeO	70%UO_2+30%SiC
FeCrAl	PCT/K	625	797.5	627.4	822.8	821.8	836.7	843.6
	PFCT	2979.4	2522.6	2809	2311.2	2678.1	2143.1	2545.6
	FBDT/s	0	2.4	0	2.4	2.6	2.4	2.4
	FBL/m	0	0.61	0	0.813	0.813	1.106	1.106
SA3/PyC 150-A	PCT/K	625.2	807.1	628.2	825.1	816	831.7	838.7
	PFCT/K	2984.2	2537.5	2815.1	2318.7	2688.4	2176.8	2560.9
	FBDT/s	0	2.4	0	2.6	2.6	2.6	2.6
	FBL/m	0	0.61	0	0.813	0.61	0.813	0.813
HNLS/ML-A	PCT/K	624.6	627.9	626.2	790.9	792.1	809.1	816.6
	PFCT/K	3012.3	2561	2846.8	2355.5	2721.8	2221	2598.5
	FBDT/s	0	0	0	2.4	2.4	2.4	2.6
	FBL/m	0	0	0	0.406	0.406	0.61	0.61

图 4-49 列出了包壳沸腾换热增强 10%后 4 种"UO_2-ATF 包壳"组合在 T=0s 和 T=4s 时，堆芯出口处冷却剂温度、质量流量和空泡份额的对比图。图 4-50 列出了 3 种"不同芯块-FeCrAl 包壳"组合在 T=0s 和 T=4s 时，堆芯出口处冷却剂温度、质量流量和空泡份额的对比图。由两图可知，三个参数的变化趋势与无沸腾换热增强时的变化趋势一致。

图例（四幅图共用）：温度/K；质量流量/[kg/(m²·s)]；空泡份额

(a)

温度/K				
594.86				
3693.9				
0.000				
600.62	596			
3649.1	3685.4			
0.000	0.000			
597.11	604.16	600.40		
3677.0	3619.1	3651.1		
0.000	0.000	0.000		
604.48	605.94	605.22	602.89	
3616.5	3603.4	3609.9	3630.5	
0.000	0.000	0.000	0.000	
596.47	592.59	597.93	605.14	595.75
3682.2	3710.5	3671.0	3610.9	3687.9
0.000	0.000	0.000	0.000	0.000
590.14	597.23	599.11	587.35	579.70
3727.6	3676.6	3661.9	3746.2	3792.4
0.000	0.000	0.000	0.000	0.000
585.44	590	584.08	574.13	
3758.4	3728.9	3766.7	3822.9	
0.000	0.000	0.000	0.000	
573.67	571.85			
3825.5	3834.8			
0.000	0.000			

(b)

温度/K				
591.88				
3715.3				
0.000				
598.86	593.42			
3663.2	3704.3			
0.000	0.000			
594.58	604.63	598.31		
3696.0	3614.7	3667.6		
0.000	0.000	0.000		
603.53	606.42	605.68	602.29	
3624.5	3598.6	3605.4	3635.3	
0.000	0.000	0.000	0.000	
594.66	592.95	598.35	605.62	598.65
3695.6	3708.0	3667.6	3606.2	3665.5
0.000	0.000	0.000	0.000	0.000
588.97	597.65	599.55	587.67	580.01
3735.5	3673.2	3658.2	3744.2	3790.8
0.000	0.000	0.000	0.000	0.000
585.34	590.35	584.38	574.34	
3759.1	3726.5	3765.0	3822.0	
0.000	0.000	0.000	0.000	
574.65	572.03			
3820.6	3834.2			
0.000	0.000			

(c)

温度/K				
591.88				
3715.3				
0.000				
598.86	593.42			
3663.2	3704.3			
0.000	0.000			
594.58	604.63	598.31		
3696.0	3614.7	3667.6		
0.000	0.000	0.000		
603.53	606.42	605.68	602.29	
3624.5	3598.6	3605.4	3635.3	
0.000	0.000	0.000	0.000	
594.66	592.95	598.35	605.62	598.65
3695.6	3708.0	3667.6	3606.2	3665.5
0.000	0.000	0.000	0.000	0.000
588.97	597.65	599.55	587.67	580.01
3735.5	3673.2	3658.2	3744.2	3790.8
0.000	0.000	0.000	0.000	0.000
585.34	590.35	584.38	574.34	
3759.1	3726.5	3765.0	3822.0	
0.000	0.000	0.000	0.000	
574.65	572.03			
3820.6	3834.2			
0.000	0.000			

(d)

温度/K				
618.73				
3471.9				
0.118				
618.73	618.73			
3115.6	3402.9			
0.318	0.158			
618.73	618.73	618.73		
3326.6	2922.1	3120.8		
0.201	0.423	0.316		
618.73	618.73	618.73	618.73	
2915.4	2835.4	2875.4	2977.0	
0.426	0.468	0.447	0.394	
618.73	618.73	618.73	618.73	618.73
3330.6	3532.1	3240.4	2877.3	3353.1
0.197	0.081	0.248	0.445	0.184
616.11	618.73	618.73	613.37	602.11
3681.4	3346.2	3210.3	3728.8	3839.3
0.007	0.186	0.263	0.000	0.000
609.09	615.14	607.93	593.26	
3771.1	3705.7	3784.0	3910.8	
0.000	0.000	0.000	0.000	
591.97	589.58			
3920.6	3938.3			
0.000	0.000			

(e) 温度/K；质量流量/[kg/(m²·s)]；空泡份额

617.98				
3648.2				
0.045				
618.73	618.73			
3234.8	3560.0			
0.275	0.093			
618.73	618.73	618.73		
3493.2	2904.2	3255.7		
0.132	0.451	0.264		
618.73	618.73	618.73	618.73	
2966.5	2817.3	2860.1	3012.9	
0.419	0.495	0.474	0.395	
618.73	618.73	618.73	618.73	618.73
3458.9	3532.1	3222.8	2863.4	3197.6
0.149	0.108	0.281	0.471	0.294
614.98	618.73	618.73	614.32	603.15
3756.8	3328.3	3191.2	3768.0	3882.7
0.000	0.220	0.296	0.000	0.000
609.17	616.05	608.68	593.83	
3818.2	3720.1	3825.7	3958.2	
0.000	0.011	0.000	0.000	
593.63	590.15			
3957.8	3984.4			
0.000	0.000			

(f) 温度/K；质量流量/[kg/(m²·s)]；空泡份额

617.85				
3636.7				
0.042				
618.73	618.73			
3229.3	3549.1			
0.269	0.088			
618.73	618.73	618.73		
3484.6	2899.2	3250.4		
0.126	0.446	0.258		
618.73	618.73	618.73	618.73	
2960.9	2813.0	2855.2	3008.3	
0.414	0.490	0.469	0.389	
618.73	618.73	618.73	618.73	618.73
3452.3	3524.0	3217.9	2858.6	3193.5
0.143	0.102	0.274	0.466	0.287
614.79	618.73	618.73	614.10	603.06
3741.4	3322.0	3186.2	3751.2	3863.5
0.000	0.215	0.290	0.000	0.000
609.04	615.93	608.54	593.76	
3800.8	3707.4	3807.9	3938.7	
0.000	0.009	0.000	0.000	
593.58	590.06			
3938.7	3965.3			
0.000	0.000			

图 4-49　沸腾换热增强 10%，堆芯出口处冷却剂温度、质量流量和空泡份额

(a) UO₂-FeCrAl，T=0s；(b) UO₂-HNLS/ML-A，T=0s；(c) UO₂-SA3/PyC150-A，T=0s；(d) UO₂-FeCrAl，T=4s；(e) UO₂-HNLS/ML-A，T=4s；(f) UO₂-SA3/PyC150-A，T=4s

(a) 温度/K；质量流量/[kg/(m²·s)]；空泡份额

594.86				
3693.9				
0.000				
600.62	596			
3649.1	3685.4			
0.000	0.000			
597.11	604.16	600.40		
3677.0	3619.1	3651.1		
0.000	0.000			
604.48	605.94	605.22	602.89	
3616.5	3603.4	3609.9	3630.5	
0.000	0.000	0.000	0.000	
596.47	592.59	597.93	605.14	595.75
3682.2	3710.5	3671.0	3610.9	3687.9
0.000	0.000	0.000	0.000	0.000
590.14	597.23	599.11	587.35	579.70
3727.6	3676.6	3661.9	3746.2	3792.4
0.000	0.000	0.000	0.000	0.000
585.44	590	584.08	574.13	
3758.4	3728.9	3766.7	3822.9	
0.000	0.000	0.000	0.000	
573.67	571.85			
3825.5	3834.8			
0.000	0.000			

(b) 温度/K；质量流量/[kg/(m²·s)]；空泡份额

594.86				
3693.9				
0.000				
600.62	596			
3649.1	3685.4			
0.000	0.000			
597.11	604.16	600.40		
3677.0	3619.1	3651.1		
0.000	0.000			
604.48	605.94	605.22	602.89	
3616.5	3603.4	3609.9	3630.5	
0.000	0.000	0.000	0.000	
596.47	592.59	597.93	605.14	595.75
3682.2	3710.5	3671.0	3610.9	3687.9
0.000	0.000	0.000	0.000	0.000
590.14	597.23	599.11	587.35	579.70
3727.6	3676.6	3661.9	3746.2	3792.4
0.000	0.000	0.000	0.000	0.000
585.44	590	584.08	574.13	
3758.4	3728.9	3766.7	3822.9	
0.000	0.000	0.000	0.000	
573.67	571.85			
3825.5	3834.8			
0.000	0.000			

(c) 温度/K；质量流量/[kg/(m²·s)]；空泡份额

594.86				
3693.9				
0.000				
600.62	596			
3649.1	3685.4			
0.000	0.000			
597.11	604.16	600.40		
3677.0	3619.1	3651.1		
0.000	0.000	0.000		
604.48	605.94	605.22	602.89	
3616.5	3603.4	3609.9	3630.5	
0.000	0.000	0.000	0.000	
596.47	592.59	597.93	605.14	595.75
3682.2	3710.5	3671.0	3610.9	3687.9
0.000	0.000	0.000	0.000	0.000
590.14	597.23	599.11	587.35	579.70
3727.6	3676.6	3661.9	3746.2	3792.4
0.000	0.000	0.000	0.000	0.000
585.44	590	584.08	574.13	
3758.4	3728.9	3766.7	3822.9	
0.000	0.000	0.000	0.000	
573.67	571.85			
3825.5	3834.8			
0.000	0.000			

(d) 温度/K；质量流量/[kg/(m²·s)]；空泡份额

618.73				
3471.9				
0.118				
618.73	618.73			
3115.6	3402.9			
0.318	0.158			
618.73	618.73	618.73		
3326.6	2921.1	3120.8		
0.201	0.423	0.316		
618.73	618.73	618.73	618.73	
2915.4	2835.4	2875.4	2977.0	
0.426	0.468	0.447	0.394	
618.73	618.73	618.73	618.73	618.73
3330.6	3532.1	3240.4	2877.3	3353.1
0.197	0.081	0.248	0.445	0.184
616.11	618.73	618.73	613.37	602.11
3681.4	3346.2	3210.3	3728.8	3839.3
0.007	0.186	0.263	0.000	0.000
609.09	615.14	607.93	593.26	
3771.1	3705.7	3784.0	3910.8	
0.000	0.000	0.000	0.000	
591.97	589.58			
3920.6	3938.3			
0.000	0.000			

(e) 温度/K；质量流量/[kg/(m²·s)]；空泡份额

618.73				
3340.5				
0.191				
618.73	618.73			
2977.5	3261.7			
0.392	0.236			
618.73	618.73	618.73		
3183.9	2792.1	2981.3		
0.280	0.489	0.391		
618.73	618.73	618.73	618.73	
2786.9	2734.1	2745.9	2842.4	
0.492	0.518	0.512	0.463	
618.73	618.73	618.73	618.73	618.73
3183.4	3408.0	3095.3	2748.8	3201.4
0.278	0.152	0.327	0.510	0.268
618.51	618.73	618.73	616.41	604.09
3581.0	3207.4	3070.3	3681.2	3816.0
0.047	0.263	0.339	0.005	0.000
611.25	617.6	610.06	594.71	
3742.2	3623.7	3756.8	3893.4	
0.000	0.028	0.000	0.000	
593.23	590.82			
3904.4	3922.6			
0.000	0.000			

(f) 温度/K；质量流量/[kg/(m²·s)]；空泡份额

618.73				
3400.9				
0.158				
618.73	618.73			
3035.6	3324.2			
0.361	0.201			
618.73	618.73	618.73		
3245.6	2846.6	3040.0		
0.246	0.462	0.359		
618.73	618.73	618.73	618.73	
2840.6	2760.7	2800.5	2898.9	
0.464	0.505	0.485	0.434	
618.73	618.73	618.73	618.73	618.73
3246.8	3466.4	3156.9	2803.2	3268.1
0.243	0.119	0.294	0.483	0.231
617.44	618.73	618.73	614.98	603.16
3630.4	3267.6	3129.8	3708.7	3827.0
0.027	0.230	0.307	0.000	0.000
610.2	616.53	609.05	593.98	
3755.3	3664.5	3769.1	3901.8	
0.000	0.011	0.000	0.000	
592.57	590.18			
3911.5	3929.3			
0.000	0.000			

图 4-50　沸腾换热增强 10%，堆芯出口处冷却剂温度、质量流量和空泡份额(彩图扫二维码)
(a) UO₂-FeCrAl, $T=0$s；(b) UO₂+10BeO-FeCrAl, $T=0$s；(c) UO₂+10SiC-FeCrAl, $T=0$s；(d) UO₂-FeCrAl, $T=4$s；(e) UO₂+10BeO-FeCrAl, $T=4$s；(f) UO₂+10SiC-FeCrAl, $T=4$s

4.4.2　装载 ATF 的 5×5 棒束子通道分析

4.4.1 小节以一个燃料组件为一个子通道构建了装载 ATF 堆芯的子通道模型，进行了在快速弹棒事故下的子通道分析。为了进一步探索不同事故工况下 ATF 的热工水力性能特性，开展 4 种瞬态工况下（"升功率""降流量""降压"和"进口温度升高"工况）装载 ATF 的 5×5 棒束子通道分析。所采用的 5×5 棒束子通道模型已于 4.2.5 小节做了相应的介绍。

本小节的研究内容可分为三个部分：①传统 UO_2/Zr 燃料元件在 4 种瞬态工况下热工水力性能；②不同"ATF 芯块/包壳"燃料元件组合在 4 种瞬态工况下热工水力性能；③包壳沸腾换热增强 10%，不同"ATF 芯块/包壳"燃料元件组合在 4 种瞬态工况下热工水力性能。

1. UO_2/Zr 燃料元件热工水力性能分析

图 4-51 为 UO_2/Zr 燃料元件在 4 种不同瞬态工况下 MCT 及 MFCT 的变化曲线。在 32s 前，MCT 较小且几乎保持不变，约为 621K。此时 4 种瞬态工况下，燃料元件和冷却剂之间的换热机制为单相对流换热和核态沸腾换热，换热能力强，燃料元件能得到有效冷却，因此 MCT 较小。随着时间进一步推进，4 种瞬态工况的 MCT 均在某一时间节点出现了温度突然升高的现象，这是由于包壳表面出现了膜态沸腾的传热恶化现象。不同瞬态工况对应出现传热恶化的时间也不同，"降流量"工况最早出现传热恶化现象，约在 33s 时出现，MCT 在 11s 时间内由 624.2K 上升到 1028.0K，上升了 403.8K。"降压"工况约在 40s 时发生了传热恶化现象，MCT 在 10s 时间内上升了 510.7K。"进口温度升高"工况约在 44s 时发生传热恶化现象，MCT 在 16s 时间内上升了 387.9K。"升功率"工况约在 51s 时发生传热

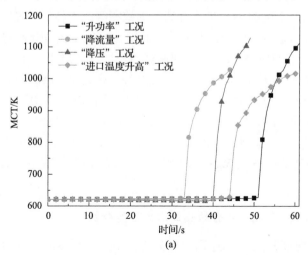

(a)

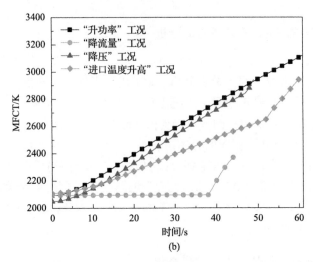

图 4-51　UO$_2$/Zr 燃料元件在 4 种不同瞬态工况下 MCT 及 MFCT 的变化曲线
(a) MCT；(b) MFCT

恶化现象，MCT 在 11s 时间内上升了 486.3K。4 种工况中，"降压" 工况造成 MCT 上升得更快更高，这是由于该工况下，功率增长的同时，冷却剂压力降低，造成冷却剂因压力低于其饱和压力而大量气化，产生的蒸气进一步恶化了包壳表面的换热。"进口温度升高" 工况下，MCT 上升速度最慢，上升幅度也最小，这表明在 4 种堆芯条件(功率、流量、压力和进口温度)中，进口温度对 MCT 影响较小。

图 4-51(b) 为 4 种瞬态工况下 MFCT 的变化曲线。不同于 MCT 的变化趋势，在 "升功率"、"降压" 和 "进口温度升高" 工况下，MFCT 在瞬态开始时便线性升高，而 "降流量" 工况的 MFCT 在瞬态开始后的前 38s 内基本保持不变。"升功率" 和 "降压" 工况的 MFCT 上升速率大致相等，均高于 "进口温度升高" 的工况。显然，在瞬态开始阶段，4 种瞬态工况下 MFCT 的变化趋势主要受功率的影响，功率增长得越快，MFCT 上升速率就越快。"升功率"、"降压" 和 "降流量" 工况的 MFCT 在瞬态开始一段时间后突然升高，这是膜态沸腾引起传热恶化造成的。由于传热延迟，MFCT 突然增大的时间节点比 MCT 突然增大的时间节点要晚："降流量" 工况 MCT 突然增大发生在 33s，而 MFCT 突然增大发生在 38s；"降压" 工况，MCT 突变在 40s，MFCT 突变在 47s；"进口温度升高" 工况，MCT 突变在 44s，MFCT 突变在 52s；"升功率" 工况，MCT 突变在 51s，MFCT 突变在 60s 之后。

2. "ATF 芯块/包壳" 组合的热工水力性能分析

(1) "进口温度升高" 工况下，"UO$_2$/ATF 包壳" 的 MCT 和 MFCT 的变化曲线如图 4-52 所示。由图 4-52（a）可知，在瞬态开始后的 44s 内，4 种包壳的 MCT 始终保持在 621K 左右。此时包壳-冷却剂间的换热主要为强迫对流及核态沸腾换热，没有发生膜态沸腾。在 44s 时，4 种包壳几乎同时发生膜态沸腾，MCT 突然大幅升高，在 60s 时，4 种包壳的 MCT 均已超过了 1000K。在膜态沸腾阶段，Zr 包壳的 MCT 稍高于其他 3 种事故容错包壳，但区别并不明显，温差在 5～10K 左右。图 4-52（b）为 MFCT 的变化曲线图，显然，不同包壳会使 MFCT 产生较大的差别。与 Zr 包壳相比，HNLS/ML-A 和 SA3/PyC150-A 包壳并不能降低 MFCT，反而使 MFCT 分别增大了约 150K 和 64K，FeCrAl 包壳则可使 MFCT 降低约 45K。其原因与 4.4.1 小节中的分析相似，HNLS/ML-A 和 SA3/PyC150-A 包壳热导率较低导致 MFCT 较大，FeCrAl 与 Zr 热导率相当，但由于 FeCrAl 包壳厚度及比定压热容与 Zr 存在差别，FeCrAl 的 MFCT 较小。

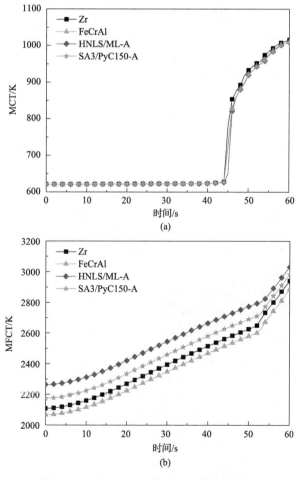

图 4-52　"UO$_2$-ATF 包壳"温度变化情况
(a) MCT；(b) MFCT

图 4-53 为 UO_2-BeO、UO_2-SiC 复合物燃料结合不同包壳的 MCT 和 MFCT 的变化曲线图。如图 4-53（a, c, e）所示，在膜态沸腾发生前，不同"ATF 芯块/包壳"组合的 MCT 几乎没有差别。与 UO_2 燃料稍有不同的是，UO_2-BeO、UO_2-SiC 复合物燃料进入膜态沸腾的时间节点要提早 1s 左右，膜态沸腾时 MCT 也比 UO_2 的 MCT 稍大，但温差在 15K 以内，这是由于复合物燃料的热导率比 UO_2 热导率高，一定程度上加剧了包壳表面的膜态沸腾，但总体而言，在"进口温度升高"工况下，"ATF 芯块/包壳"对 MCT 影响并不明显。图 4-53（b, d, f）为 MFCT 的变化曲线，UO_2-BeO、UO_2-SiC 复合物燃料的使用能显著降低 MFCT。BeO 体积分数分别为 10%、20% 和 30% 的 UO_2-BeO 复合物燃料，MFCT 分别降低约 700K、950K 和 1250K；SiC 体积分数分别为 10%、20% 和 30% 的 UO_2-SiC 复合物燃料，MFCT 分别降低约 350K、550K 和 800K。不难发现，BeO/SiC 的体积分数越大，MFCT 就越低，这与 4.4.1 小节的分析结果是一致的。

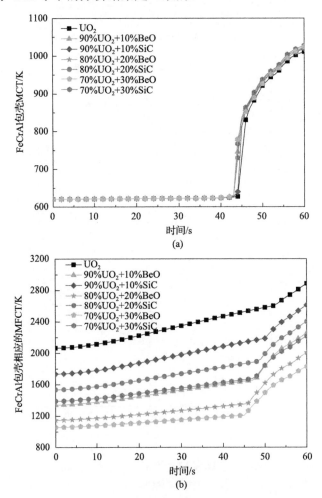

(a)

(b)

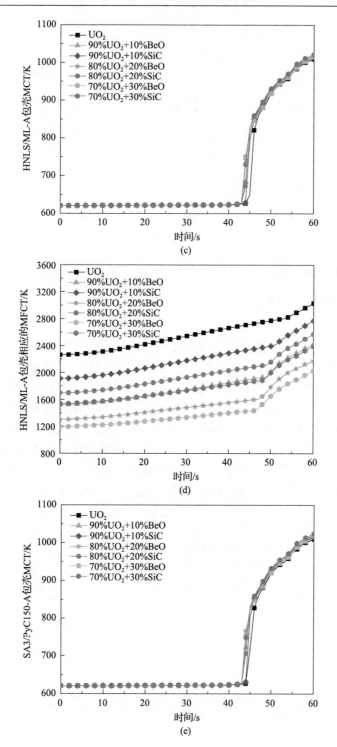

(c)

(d)

(e)

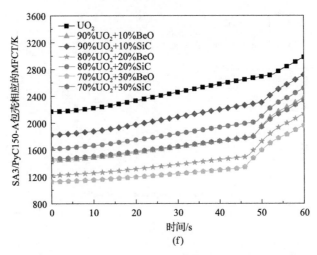

图 4-53 UO$_2$-BeO、UO$_2$-SiC 复合物燃料结合不同包壳的 MCT 和 MFCT 的变化曲线图

(2)图 4-54 为"ATF 芯块/FeCrAl 包壳"燃料元件组合在"升功率"、"降压"和"降流量"3 种工况下的 MCT 和 MFCT 变化曲线。在"升功率"、"降压"工况下,"ATF 芯块/FeCrAl"在膜态沸腾时的 MCT 要略大于"UO$_2$ 芯块/FeCrAl"的 MCT,膜态沸腾开始时间也早于"UO$_2$ 芯块/FeCrAl",此现象与"进口温度升高"工况的现象相似。但在"降流量"工况下,两者的 MCT 与膜态沸腾开始时间无明显差别。原因在于"降流量"工况下,功率是基本保持不变的,而其他三个工况的功率都是线性上升,就瞬态过程中流经包壳的热流密度而言,"降流量"工况的影响比其他三个工况要小。MFCT 的变化趋势曲线如图 4-54(b, d, f)所示,在"升功率"、"降压"和"降流量"三种工况下,高热导率的复合物燃料的使用均能降低 MFCT,且添加的 BeO/SiC 体积分数越大,MFCT 降低得越多。

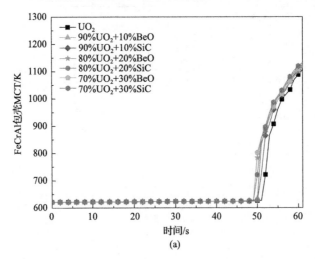

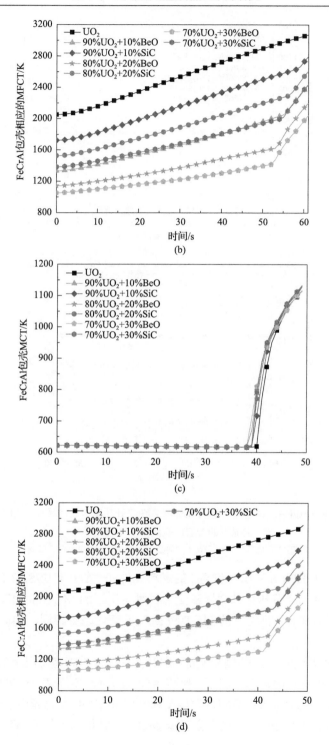

(b)

(c)

(d)

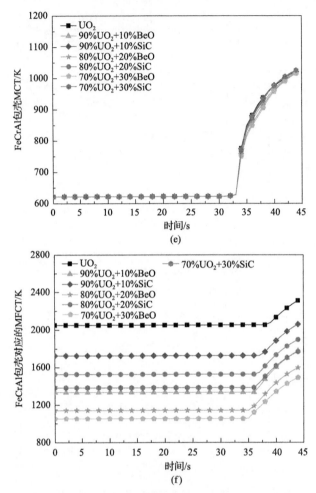

图 4-54　"ATF 芯块/FeCrAl 包壳"燃料元件组合在"升功率"、"降压"和"降流量"3 种
工况下的 MCT 和 MFCT 变化曲线

(a, b) "升功率"工况；(c, d) "降压"工况；(e, f) "降流量"工况

　　"ATF 芯块/HNLS/ML-A 包壳"的燃料元件和"ATF 芯块/SA3/PyC150-A 包壳"在"升功率"、"降压"和"降流量"三种工况下的 MCT 和 MFCT 变化趋势与"ATF 芯块/FeCrAl 包壳"的 MCT 和 MFCT 变化趋势相同，因此本处不一一介绍。

　　由前面针对不同"ATF 芯块/包壳"燃料元件在 4 种瞬态工况下的子通道分析可知，在这 4 种特定的瞬态工况下，换装 ATF 芯块或者包壳对 MCT 的影响不大，而对 MFCT 有较大的影响：HNLS/ML-A 和 SA3/PyC150-A 包壳由于热导率较小，会增大 MFCT；使用 FeCrAl 包壳会降低 MFCT；使用高热导率 ATF 芯块则能大幅降低 MFCT。

　　根据堆芯子通道分析，在快速弹棒事故工况下，使用高热导率 ATF 芯块能大幅降低 MFCT，同时明显增大 MCT，这与本节的研究结果存在一定的差异。原因在于堆芯功率条件的差异，弹棒事故工况下，堆芯功率在瞬间涨至 500% 初始功率，而本节棒束子通道研究中，棒束的功率上升至 160% 初始功率最快也要 50s，造成了两者结果的差异。

　　3. 包壳沸腾换热增强 10%，装载 ATF 棒束的子通道分析

　　在 4.4.1 小节中开展了快速弹棒事故工况下，包壳沸腾换热增强 10% 的堆芯子通道分析，本小节将进一步开展 4 种瞬态工况下包壳沸腾换热增强 10% 的棒束子通道分析。

　　图 4-55 为不同"ATF 芯块-包壳"组合在沸腾换热增强 10% 后，在"进口温度升高"工况下，MCT 和 MFCT 的变化情况示意图。图 4-56 为"ATF 芯块-FeCrAl 包壳"在不同工况下，MCT 和 MFCT 的变化情况示意图。由两图可知，不同"ATF 芯块-包壳"组合在沸腾换热增强 10% 后，MCT 无明显差异，而 MFCT 的大小关系则主要由芯块热导率决定，两个参数的变化规律与无沸腾换热增强时的变化规律基本一致。但对比图 4-53 无沸腾换热增强的情况可看出，沸腾换热增强 10% 后，延迟了膜态沸腾的发生时间。图 4-57 总结了沸腾换热增强 10% 与无沸腾换热增强时不同工况下膜态沸腾发生时间的对比。在沸腾换热增强 10% 后，所有工况的膜态沸腾发生均被延迟，"进口温度升高"、"降压"、"降流量"和"升功率"四种工况的膜态沸腾发生分别被延迟了 6s、3s、1s 和 5s。由于膜态沸腾发生的延迟，在瞬态结束时，MCT 和 MFCT 也同时被降低，表 4-11 为"进口温度升高"瞬态结束时，无沸腾换热增强和沸腾换热增强 10% 情况下 MCT 和 MFCT 的对比数据，表 4-12 为"ATF 芯块-FeCrAl 包壳"在不同瞬态结束时，两者的对比数据。

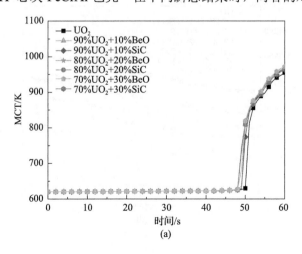

(a)

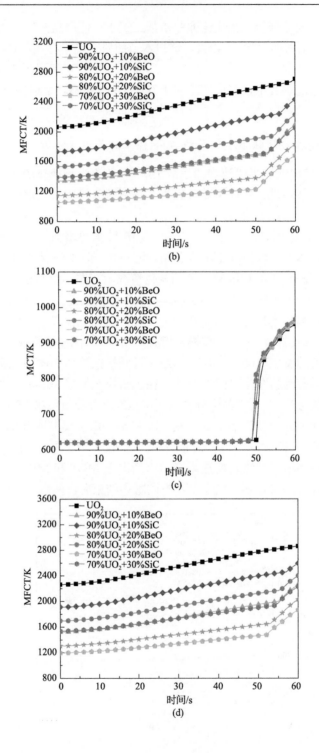

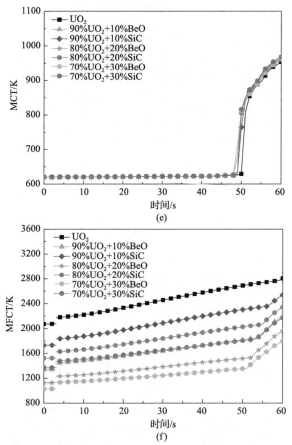

图 4-55　沸腾换热增强 10%，"进口温度升高"工况下，不同"ATF 芯块-包壳"组合的温度变化情况

(a)FeCrAl 包壳 MCT；(b)FeCrAl 包壳 MFCT；(c)HNLS/ML-A 包壳 MCT；(d)HNLS/ML-A 包壳 MFCT；
(e)SA3/PyC150-A 包壳 MCT；(f)SA3/PyC150-A 包壳 MFCT

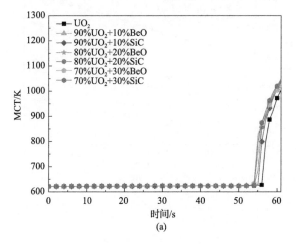

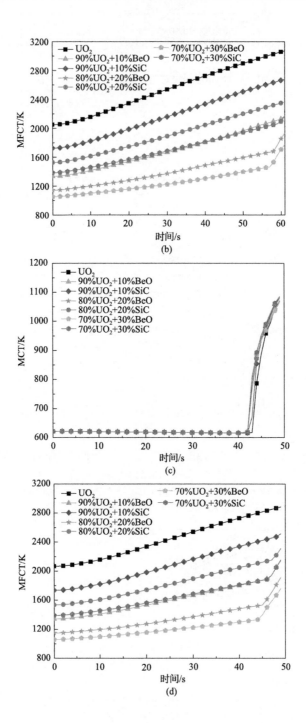

(b)

(c)

(d)

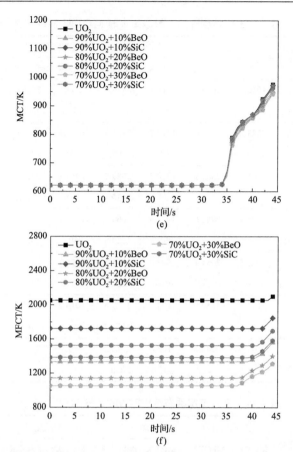

图 4-56　沸腾换热增强 10%，"ATF 芯块-FeCrAl 包壳" 组合的温度变化情况

(a) "升功率" 工况 MCT；(b) "升功率" 工况 MFCT；(c) "降压" 工况 MCT；(d) "降压" 工况 MFCT；

(e) "降流量" 工况 MCT；(f) "降流量" 工况 MFCT

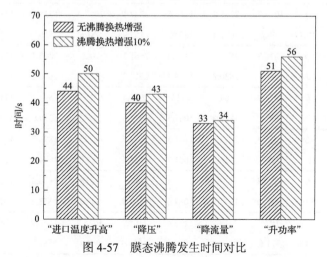

图 4-57　膜态沸腾发生时间对比

表 4-11　"进口温度升高"瞬态结束时 MCT 与 MFCT 数据

芯块材料	换热增强	Zr		FeCrAl		HNLS/ML-A		SA3/PyC150-A	
		MCT/K	MFCT/K	MCT/K	MFCT/K	MCT/K	MFCT/K	MCT/K	MFCT/K
UO₂	0	1016.1	2940.6	1011.1	2886.1	1009.7	3030.6	1010	2983.2
	10%	—	—	955.2	2707.7	953.5	2863.5	953.9	2808.4
90%UO₂+10%BeO	0	1023.2	2310.6	1019.7	2251.3	1015.4	2424.6	1015.1	2373.7
	10%	—	—	964.6	2087.4	957.5	2255.8	959.6	2193.9
90%UO₂+10%SiC	0	1023	2663.1	1018.7	2609.9	1014.7	2770.4	1015.6	2717
	10%	—	—	963.1	2430.8	95.9	2593.5	960.1	2538.4
80%UO₂+20%BeO	0	1026.9	2062.6	1021.9	2004.1	1014.7	2181	1017.3	2136.4
	10%	—	—	966.7	1829.8	959.8	2026.8	961.9	1962.9
80%UO₂+20%SiC	0	1027.5	2451.1	1023.4	2398.5	1018.7	2571	1020.3	2516
	10%	—	—	967.4	2225	962.6	2396.3	964.4	2340.6
70%UO₂+30%BeO	0	1023.5	1860.9	1027.4	1827.6	1016.7	2028.8	1019.7	1963
	10%	—	—	967.7	1677.7	960.8	1863.7	962.7	1797.8
70%UO₂+30%SiC	0	1027.6	2244.6	1024	2213.2	1022	2393.3	1024	2335.3
	10%	—	—	971.6	2050.9	966.3	2227.1	968.1	2168

表 4-12　不同工况瞬态结束时 MCT 与 MFCT 数据

芯块材料	换热增强	进口温度升高		降压		降流量		升功率	
		MCT/K	MFCT/K	MCT/K	MFCT/K	MCT/K	MFCT/K	MCT/K	MFCT/K
UO₂	0	1011.1	2886.1	1116	2916.4	1016.5	2312.2	1105.5	3073.6
	10%	955.2	2707.7	1070.1	2882.8	975.5	2098.4	1004.3	3073
90%UO₂+10%BeO	0	1019.7	2251.3	1114.5	2322.1	1017.4	1775.1	1113.3	2434
	10%	964.6	2087.4	1070.9	2153.9	951.5	1560.7	1019.6	2169.4
90%UO₂+10%SiC	0	1018.7	2609.9	1129.2	2661.3	1020	2060.2	1117.3	2798.3
	10%	963.1	2430.8	1079.4	2513.3	972.6	1846.1	1035.5	2677
80%UO₂+20%BeO	0	1021.9	2004.1	1115	2085.4	1016.4	1594.6	1117.7	2201.7
	10%	966.7	1829.8	1067.9	1911.5	946.3	1399.9	1031.2	1936.3
80%UO₂+20%SiC	0	1023.4	2398.5	1131.5	2471.5	1022.9	1896.2	1124.6	2610.5
	10%	967.4	2225	1082.2	2311.6	967.3	1694.3	1041.4	2363
70%UO₂+30%BeO	0	1027.4	1827.6	1117.4	1926	1015	1490.3	1120.6	2043.2
	10%	967.7	1677.7	1064.6	1758.9	942.1	1308.7	1027.3	1776.5
70%UO₂+30%SiC	0	1024	2213.2	1133.4	2304.7	1025.7	1766.9	1131	2439.5
	10%	971.6	2050.9	1085.1	2145.6	963.1	1581.2	1048.2	2172

4.4.3 小结

本节基于堆芯子通道和 5×5 棒束子通道模型开展了 ATF 材料在快速弹棒事故下的热工水力分析。首先开展了不考虑包壳沸腾换热增强作用下的堆芯子通道分析，重点分析了各 "ATF 芯块-包壳" 组合 MCT 和 MFCT 在快速弹棒事故下的变化情况，研究结果表明，ATF 包壳将小幅度降低 MCT、提高 MFCT，而 ATF 芯块将小幅度提高 MCT、大幅度降低 MFCT。由于 ATF 包壳的沸腾性能优于传统的 Zr 包壳，通过对 ATF 包壳沸腾特性的敏感性分析发现，在快速弹棒事故下，MCT 对 CHF 尤为敏感。在 ATF 包壳沸腾换热增强 10% 的情况下，深入分析了堆芯 MCT 和 MFCT 变化趋势，结果表明，由于 ATF 包壳的沸腾换热增强，各 "ATF 芯块-包壳" 组合的 MCT 和 MFCT 能同时降低，部分 "ATF 芯块-包壳" 组合甚至能消除膜态沸腾。

基于所构建的 5×5 棒束子通道模型，开展了 4 种瞬态工况下（"升功率"、"降流量"、"降压" 和 "进口温度升高" 工况）ATF 的热工水力分析。通过 ATF 包壳无沸腾换热增强情况下的子通道计算分析得出，在这 4 种瞬态工况下，ATF 芯块和 ATF 包壳的应用对 MCT 影响不大，而 ATF 芯块则可显著降低 MFCT。若 ATF 包壳沸腾换热增强 10%，那么 4 种瞬态工况下发生膜态沸腾的时间将会延迟，瞬态结束时的 MCT、MFCT 值也比无沸腾换热增强时的 MCT、MFCT 值低。

4.5 本 章 结 论

事故容错燃料具有较强的严重事故承受能力，被认为是传统 UO_2/Zr 燃料的替代燃料。针对 2 种 ATF 芯块材料（UO_2+10%/20/%30%BeO 和 UO_2+10%/20%/30%SiC）和 3 种 ATF 包壳材料（FeCrAl、HNLS/ML-A 和 SA3/PyC150-A），基于 RELAP5/MOD3.4 系统程序和 COBRA-EN 子通道程序构建了装载不同 "ATF 芯块-包壳" 燃料的系统模型和子通道模型，并开展了堆芯热工水力分析。主要的研究内容和研究结论如下：

（1）基于 RELAP5/MOD3.4 构建了 CPR1000 反应堆系统模型，研究了各种 "ATF 芯块-包壳" 组合在小破口事故、小破口叠加全部安注失效事故和大破口事故下的热工水力特性，结果显示：①小破口事故过程中，安注系统及时介入，各 "ATF 芯块-包壳" 组合的 MCT 与 MFCT 差别不大，且不超过燃料元件的失效准则。②小破口叠加全部安注失效过程中，各 "ATF 芯块-包壳" MCT 与 MFCT 响应差别不大，但燃料元件温度过高，Zr 包壳最早失效，FeCrAl 包壳失效时间延长了约 310 s，而 HNLS/ML-A 和 SA3/PyC150-A 包壳未在计算时间内失效。各种芯块材料中，UO_2+BeO 最容易失效。③冷管段双端断裂的大破口事故中，各 "ATF

芯块-包壳"温度均不超过失效准则，FeCrAl、HNLS/ML-A 和 SA3/PyC150-A 的温度裕量均高于 Zr 包壳。

（2）基于 COBRA-EN 构建了 1/8 堆芯子通道模型，研究了各种"ATF 芯块-包壳"组合在快速弹棒事故工况下的热工水力特性，结果显示：①包壳无沸腾换热增强时，ATF 包壳将小幅度降低 MCT、提高 MFCT，而 ATF 芯块将小幅度提高 MCT、大幅度降低 MFCT。②包壳 CHF 值对包壳温度影响最大。③包壳沸腾换热增强 10%，"ATF 芯块-包壳"组合的 MCT 和 MFCT 能同时降低，部分"ATF 芯块-包壳"组合甚至能消除膜态沸腾。

（3）基于 COBRA-EN 构建了 5×5 棒束子通道模型，研究了各种"ATF 芯块-包壳"组合在"升功率"、"降流量"、"降压"和"进口温度升高"4 种工况下的热工水力特性，结果显示：①包壳无沸腾换热增强时，ATF 芯块和 ATF 包壳的应用对 MCT 影响不大，而 ATF 芯块则可显著降低 MFCT。②ATF 包壳沸腾换热增强 10%，那么 4 种瞬态工况下发生膜态沸腾的时间将会延迟，瞬态结束时的 MCT、MFCT 值也比无沸腾换热增强时的 MCT、MFCT 值低。

本章从反应堆冷却剂系统的大尺度和堆芯子通道分析的中尺度上，系统且全面地开展了事故容错燃料在小破口、大破口和快速弹棒事故下的热工水力分析，研究结果将为事故容错燃料的进一步研发提供技术支持。

参 考 文 献

[1] 贾斌, 马帅, 史强, 等. 非能动压水堆热工水力多尺度耦合计算分析研究. 核科学与工程, 2018, 38(5): 36-46.

[2] Wulff W. Major systems codes, capabilities and limitations. Brookhaven National Lab. Upton, NY (USA), 1981.

[3] 殷煜皓. AP1000 先进核电厂大破口 RELAP5 建模及特性分析. 上海: 上海交通大学, 2012.

[4] Riemke R A, Bayless P D, Modro S M. Recent improvements to the RELAP5-3D code. Idaho National Laboratory (INL), 2006.

[5] 梁志滔. 压水堆核电站堆芯子通道分析. 广州: 华南理工大学, 2011.

[6] 高加正. AP1000 燃料组件的热工水力研究. 黑龙江: 哈尔滨工程大学, 2014.

[7] Liu R, Zhou W. Multiphysics modeling of novel UO2-BeO sandwich fuel performance in a light water reactor. Annals of Nuclear Energy, 2017, 109: 298-309.

[8] Liu R, Zhou W, Shen P, et al. Fully coupled multiphysics modeling of enhanced thermal conductivity UO_2-BeO fuel performance in a light water reactor. Nuclear Engineering and Design, 2015, 295: 511-523.

[9] Liu R, Zhou W, Prudil A, et al. Multiphysics modeling of UO_2-SiC composite fuel performance with enhanced thermal and mechanical properties. Applied Thermal Engineering, 2016, 107: 86-100.

[10] 武小莉, 汪洋, 张亚培, 等. 事故容错燃料在大破口事故下的安全分析. 原子能科学技术, 2016, 50(6): 1065-1071.

[11] Wu X, Kozlowski T, Hales J D. Neutronics and fuel performance evaluation of accident tolerant FeCrAl cladding under normal operation conditions. Annals of Nuclear Energy, 2015, 85: 763-775.

[12] Yeo S, Baney R, Subhash G, et al. The influence of SiC particle size and volume fraction on the thermal conductivity of spark plasma sintered UO_2-SiC composites. Journal of Nuclear Materials, 2013, 442(1-3): 245-252.

[13] Katoh Y, Ozawa K, Shih C, et al. Continuous SiC fiber, CVI SiC matrix composites for nuclear applications: Properties and irradiation effects. Journal of Nuclear Materials, 2014, 448(1-3): 448-476.

[14] Brown N R, Wysocki A J, Terrani K A, et al. The potential impact of enhanced accident tolerant cladding materials on reactivity initiated accidents in light water reactors. Annals of Nuclear Energy, 2017, 99: 353-365.

[15] Jackson J W, Todreas N E. COBRA IIIcMIT-2: a digital computer program for steady state and transient thermal-hydraulic analysis of rod bundle nuclear fuel elements, 1981.

[16] Groeneveld D C, Shan J Q, Vasić A Z, et al. The 2006 CHF look-up table. Nuclear Engineering and Design, 2007, 237(15-17): 1909-1922.

[17] Avramova, M, Velazquez-Lozada A., Rubin A. Comparative analysis of CTF and trace thermal-hydraulic codes using OECD/NRC PSBT benchmark void distribution database. Sci Technol Nucl Install, 2013, 12.

[18] Brown N R, Wysocki A J, Terrani K A, et al. Survey of thermal-fluids evaluation and confirmatory experimental validation requirements of accident tolerant cladding concepts with focus on boiling heat transfer characteristics. Oak Ridge National Lab.(ORNL), Oak Ridge, TN (United States), 2016.

[19] Lee S K, Liu M, Brown N R, et al. Comparison of steady and transient flow boiling critical heat flux for FeCrAl accident tolerant fuel cladding alloy, Zircaloy, and Inconel. International Journal of Heat and Mass Transfer, 2019, 132: 643-654.

[20] Ali A F, Gorton J P, Brown N R, et al. Surface wettability and pool boiling Critical Heat Flux of Accident Tolerant Fuel cladding-FeCrAl alloys. Nuclear Engineering and Design, 2018, 338: 218-231.

[21] Seo G H, Jeun G, Kim S J. Enhanced pool boiling critical heat flux with a FeCrAl layer fabricated by DC sputtering. International Journal of Heat and Mass Transfer, 2016, 102: 1293-1307.

[22] Tabadar Z, Hadad K, Nematollahi M R, et al. Simulation of a control rod ejection accident in a VVER-1000/V446 using RELAP5/Mod3.2. Annals of Nuclear Energy, 2012, 45: 106-114.

第5章 总结与展望

5.1 总 结

本书针对新型的事故容错燃料系统,较为系统地介绍了相关的基础研究工作,包括燃料性能分析、中子物理学计算及热工水力与安全分析,以揭示各种事故容错燃料在反应堆中装载运行的基本规律。

在燃料性能分析方面,本书主要针对新型的事故容错燃料系统进行了在反应堆正常运行工况下的性能分析,通过基于 COMSOL 有限元分析平台建立不同燃料和包壳组合的多物理场全耦合的燃料性能分析模型,对比分析不同燃料和包壳组合在反应堆中的性能。计算发现,三明治结构的 UO_2-BeO 燃料、UO_2-BeO 复合燃料、U_3Si_2 燃料、钍基混合氧化物燃料、微型 UO_2-Mo 燃料及 FeCrAl 合金、具有双层结构的 SiC 包壳都能在某种程度上提升反应堆的安全性。

本书较为全面地展现了 UO_2-BeO 三明治结构燃料及 UO_2-BeO 复合燃料在轻水堆中的性能:具有高热导率的 UO_2-BeO 复合燃料能使燃料中心温度最大降低330K(对于体积分数为 36.4% 的 UO_2-BeO 复合燃料),同时还提升了气隙的热导率,从而使得裂变气体的释放量减少,内压(气隙压强)降低,使得氧的重分布减缓,燃料与包壳的力学相互作用减缓,反应堆的安全性能提升。但是,制备 UO_2-BeO 复合燃料是非常昂贵的,因而进一步分析了三明治结构的燃料,在考虑的三种几何设计的三明治结构燃料中,BeO 填充于燃料径向方向的内环或者中间区域时,能大幅降低燃料中心温度,通过延长气隙闭合时间缓和燃料与包壳的力学相互作用。

本书分析了事故容错燃料 U_3Si_2-FeCrAl 燃料包壳系统在轻水堆正常运行工况下的性能,发现:①由于 U_3Si_2 燃料的高热导率,其燃料中心温度有大幅降低(大约为 350K)。②相比锆合金,FeCrAl 包壳能够有效延长气隙闭合时间,这是由于FeCrAl 包壳具有较大的热膨胀系数及较低的蠕变率。③FeCrAl 包壳的厚度对燃料温度和气隙闭合时间有很大的影响。在相同的燃料富集度的情况下,更薄的FeCrAl 包壳能够降低燃料中心温度、裂变气体释放量及内压,但是同时也会导致气隙闭合时间大幅提前,进而使得燃料与包壳的力学相互作用时间提前。④由于 U_3Si_2 燃料的热导率非常高,因而热导率在 UO_2-FeCrAl 系统中比在 U_3Si_2-Zircaloy系统中更加敏感。相比 UO_2-FeCrAl 系统,裂变气体扩散系数几乎对 U_3Si_2-Zircaloy系统的燃料中心平均温度和环向应力影响不大;相比 U_3Si_2-Zircaloy 系统,热膨胀系数对 UO_2-FeCrAl 系统的性能影响作用更大,而热蠕变则对以上两种系统影响都不大。研究结果表明 U_3Si_2-FeCrAl 燃料包壳组合能够通过降低燃料中心温度，延迟气隙闭合时间(燃料与包壳力学相互作用)。

本书对钍基混合氧化物燃料与具有双层结构的 SiC 包壳的燃料包壳组合应用于正常运行工况下的性能进行了分析，并与 UO_2 燃料和具有双层结构的 SiC 包壳的燃料包壳组合的性能进行了对比，发现：①相比于 UO_2-Zircaloy 系统，$Th_{0.923}U_{0.077}O_2$-Zircaloy 系统能够大幅降低燃料中心温度(大约 100K)，对于 $Th_{0.923}Pu_{0.077}O_2$-Zircaloy 系统的燃料中心温度则变化不大。而对于上述三种燃料与具有双层结构的 SiC 包壳的组合都使得燃料中心温度大幅提升(大约 50～200K)，特别是在高燃耗阶段，这将导致更高的裂变气体产生量和更大的内压。②具有双层结构的 SiC 包壳能够有效延迟气隙闭合时间，进而延缓燃料与包壳的力学相互作用，从而提升反应堆的安全性。③具有双层结构的 SiC 包壳的厚度对燃料性能的影响不是很大，其中与更薄的 SiC 包壳组合的燃料性能会有小幅提升。因而对于双层结构的 SiC 包壳，其厚度并不是提升反应堆燃料性能的关键因素。研究表明钍基混合氧化物燃料与锆合金的组合能够有效降低燃料中心温度，但同时也会导致更早的燃料与包壳的力学相互作用，而具有双层结构的 SiC 包壳能够大幅延迟气隙闭合时间。因而钍基混合氧化物燃料与具有双层结构的 SiC 包壳组合有望降低燃料中心温度并且同时延缓燃料与包壳的力学相互作用。

本书还对热性能增强的微型 UO_2-5%Mo 燃料应用于压水堆正常工况下的燃料性能进行了分析，发现：①U_3Si_2 具有最低的燃料中心温度，但由于热膨胀系数过大，气隙闭合时间最早，导致在早期燃耗区间内，燃料棒的内压最大；②UO_2-4.2%BeO、UO_2-10%SiC 复合燃料及微型 UO_2-5%Mo 燃料都能有效延长气隙闭合时间，因而能够有效延缓燃料与包壳的力学相互作用；③考虑的四种事故容错燃料都能有效降低燃料中心温度及减少裂变气体释放。而相比 UO_2-4.2%BeO 和 UO_2-10%SiC 复合燃料，微型 UO_2-5%Mo 燃料具有更低的燃料中心温度、更少的裂变气体释放量及更低的内压，具有更优的综合性能，因而有望应用为事故容错燃料。

在中子物理分析方面，通过热中子能谱分析，发现 SiC 包壳燃料组件的热中子能谱比锆合金包壳燃料组件更软，由此导致 SiC 包壳组件中 ^{239}Pu 的积累较少。中子物理参数研究表明，SiC 包壳具有展平组件功率分布及减少燃料富集度的作用，且 SiC 包壳的低热中子俘获特性有利于组件达到更高的卸料燃耗。SiC 包壳组件中 4 个不同位置点的热中子通量变化趋势表明水棒及组件边界将会对芯块径向通量分布造成影响，同时 SiC 包壳对芯块裂变功率分布的影响有限。温度系数研究表明 SiC 包壳组件总温度系数在燃耗范围内为负，但是 SiC 包壳将会引入一定的正反馈。总体而言，SiC 包壳与锆合金包壳中子物理性能类似，从中子物理角度而言，替换包壳材料后，对反应堆影响较小，同时 SiC 包壳还具有较高的中子经济性及可靠性。

本书设计了两种以 SiC 材料为包壳的燃料组件,基于组件计算程序 DRAGON 及堆芯计算程序 DONJON,通过与锆合金包壳燃料堆芯对比,研究了 SiC 包壳热中子能谱、堆芯有效增殖因数随燃耗变化趋势及总温度系数随燃耗的变化趋势,初步研究了 SiC 包壳堆芯初期轴、径向功率分布,从中子物理角度验证了 SiC 材料包壳安全性。结果证实,SiC 包壳燃料与锆合金包壳燃料中子物理特性相似,满足初步的中子物理安全要求。SiC 的低热中子俘获率能带来一定的经济效益;锆合金包壳燃料热中子能谱较 SiC 包壳燃料更硬,且总温度系数也更负;SiC 材料包壳在初始阶段轴、径向功率分布不均匀程度稍高。

在机器学习模型研究中,选用 13000 个样本进行模型训练得出的 LightGBM 模型针对无限增殖因数预测误差较小,对功率峰因子的预测误差相对较大,但是误差在可接受范围内。随后,选用 NSGA-Ⅱ 算法进行装载优化时,分别采用确定论程序及 LightGBM 模型进行装载方案评价。研究发现无论是采用确定论程序还是 LightGBM 模型,最终的优化结果都较好,LightGBM 模型最终方案的预测值与真实值相差较小,真实结果与直接采用确定论方法作为装载方案评价方法得出的结果相比,无限增殖因数比较接近,功率峰因子稍高。因此,可发现在样本规模数较小的前提下,可得到预测能力较优的中子物理预测模型,预测能力较优的机器学习算法进行装载方案评价时,可在保证优化方向的前提下,大大缩短装载方案评价用时,在较短的时长内搜索到靠近最优方案的解,且最终解与直接采用确定论方法进行方案评价得出的解相差不大,研究结果验证了采用机器学习算法进行组件装载优化的可行性及优越性。

本书将 U_3Si_2-FeCrAl 组合运用于一个船用的反应堆组件的设计中。在满足长寿期高功率密度的要求下,该组件在不换料的条件下可以达到 $95000MW \cdot d/t\ U$ 的燃耗深度(额定功率下可运行 15 年以上);功率密度高达 $63MW/m^3$。U_3Si_2-FeCrAl 组合的中子经济性较高,值得进一步发展研究。在整个寿期中,其功率分布均匀,功率峰因子较小;温度系数均为负值,保证了反应堆组件的负反馈调节机制,具有较高的固有安全性。

在热工水力计算方面,本书基于 RELAP5/MOD3.4 系统程序和 COBRA-EN 子通道程序构建了装载不同“ATF 芯块-包壳”燃料的系统模型和子通道模型,并开展了堆芯热工水力分析。首先,基于 RELAP5/MOD3.4 构建了 CPR1000 反应堆系统模型,研究了各种“ATF 芯块-包壳”组合在小破口事故、小破口叠加全部安注失效事故和大破口事故下的热工水力特性,结果显示:①小破口事故过程中,安注系统及时介入,各“ATF 芯块-包壳”组合的 MCT 与 MFCT 差别不大,且不超过燃料元件的失效准则。②小破口叠加全部安注失效过程中,各“ATF 芯块-包壳” MCT 与 MFCT 响应差别不大,但燃料元件温度过高,Zr 包壳最早失效,

FeCrAl 包壳失效时间延长了约 310s，而 HNLS/ML-A 和 SA3/PyC150-A 包壳未在计算时间内失效。各种芯块材料中，UO_2+BeO 最容易失效。③冷管段双端断裂的大破口事故中，各"ATF 芯块-包壳"温度均不超过失效准则，FeCrAl、HNLS/ML-A 和 SA3/PyC150-A 的温度裕量均高于 Zr 包壳。FeCrAl 包壳 MCT 峰值温度最高，但由于 FeCrAl 的失效温度高于 Zr 的失效温度，FeCrAl 的温度裕量仍大于 Zr 包壳的温度裕量。由于 HNLS/ML-A 和 SA3/PyC150-A 的失效温度最高，其在事故过程中裕量也最大。ATF 芯块与常规 UO_2 芯块材料相比，除了"UO_2+10BeO-FeCrAl"的燃料元件，其他"ATF 芯块-包壳"组合均能一定程度上降低 MCT 峰值。事故过程中，各"ATF 芯块-包壳"组合的 MFCT 均低于稳态时(0s)的 MFCT 值。

然后，基于 COBRA-EN 构建了 1/8 堆芯子通道模型，研究了各种"ATF 芯块-包壳"组合在快速弹棒事故工况下的热工水力特性，结果显示：①包壳无沸腾换热增强时，ATF 包壳将小幅度降低 MCT、提高 MFCT，而 ATF 芯块将小幅度提高 MCT、大幅度降低 MFCT；②包壳 CHF 值对包壳温度影响最大；③包壳沸腾换热增强 10%，"ATF 芯块-包壳"组合的 MCT 和 MFCT 能同时降低，部分"ATF 芯块-包壳"组合甚至能消除膜态沸腾。最后，基于 COBRA-EN 构建了 5×5 棒束子通道模型，研究了各种"ATF 芯块-包壳"组合在"升功率"、"降流量"、"降压"和"进口温度升高" 4 种工况下的热工水力特性，结果显示：①包壳无沸腾换热增强时，ATF 芯块和 ATF 包壳的应用对 MCT 影响不大，而 ATF 芯块则可显著降低 MFCT；②ATF 包壳沸腾换热增强 10%，那么 4 种瞬态工况下发生膜态沸腾的时间将会延迟，瞬态结束时的 MCT、MFCT 值也比无沸腾换热增强时的 MCT、MFCT 值更低。本书从反应堆冷却剂系统的大尺度和堆芯子通道分析的中尺度上，系统且全面地开展了事故容错燃料在小破口、大破口和快速弹棒事故下的热工水力分析，研究结果将为事故容错燃料的进一步研发提供技术支持。

5.2 研究展望

目前事故容错燃料的研发主要还处在理论模拟研究阶段，缺乏相关的辐照实验数据和事故容错燃料的物性参数，其中关于 U_3Si_2 燃料最近有报道一个短时间的辐照实验，实验结果表明在低燃耗和正常运行工况的情况下 U_3Si_2 燃料确实可作为一种先进的事故容错燃料，但其辐照过程中微观结构的变化及其更精细的燃料性能还需进一步研究。另外 UO_2-SiC 复合燃料的辐照实验表明，相比 UO_2 燃料而言，其在辐照过程中更容易产生裂纹，也就进一步导致了更多的裂变气体的释放，因而目前的实验结果尚不能支撑其作为事故容错燃料的候选材料，以后的研究将以后续的实验研究报道为基础，并结合分子动力学模拟计算以及第一性原理计算，再基于有限元模拟对不同类型、不同组合的事故容错燃料进行基于多物理场全耦合方法的性能研究。

针对三明治结构燃料性能分析，在今后的工作中将进一步考虑更加具有物理意义的 UO_2 与 BeO 之间的界面模型。书中 U_3Si_2 燃料的蠕变模型、裂变气体释放模型，以及肿胀模型都只是初步假设与 UO_2 燃料一致，在今后的研究中需要考虑更加准确的模型，以及分析 U_3Si_2-FeCrAl 燃料包壳组合在事故工况下的性能，并且考虑钍基混合氧化物燃料和 SiC 包壳在辐照情况下材料性质的变化，以及中子物理经济性研究。目前书中所采用的 UO_2-Mo 燃料行为模型还不完善，如辐照肿胀、蠕变及裂变气体的释放模型等，这也是今后需要完善的工作。

本书针对 ATF 包壳的沸腾特性开展了敏感性分析，并进一步开展了包壳沸腾换热增强 10%情况下燃料元件的初步热工水力分析。但实际的 ATF 包壳沸腾换热曲线仍未被精确测定，后续工作要开展 ATF 包壳的沸腾换热实验，获得更精确、更全面的沸腾换热特性；采用 UO_2+SiC 复合物芯块燃料的热导率是在无辐照条件下获得的，在辐照作用下该热导率会削减。在后续的工作中，要继续跟踪 UO_2+SiC 复合物芯块燃料在辐照情况下的材料性能相关研究及报道，根据辐照下的材料性能特性开展更准确的热工水力分析；主要针对 UO_2+BeO 和 UO_2+SiC 两种 ATF 芯块材料开展了热工水力分析，其他类型的 ATF 芯块，如 UO_2+C、UO_2+Mo、UO_2+Cr_2O_3$、$U_2Si_3$、UN-$U_3Si_2$、FCM 燃料等高热导率芯块材料的热工水力研究仍有待进一步开展。

高温蒸汽环境下，Zr 包壳将发生剧烈的氧化还原反应产生氢气并同时释放大量热量，FeCrAl、HNLS/ML-A 和 SA3/PyC150-A 包壳也存在一定速率的化学反应，因此，事故时各包壳的化学反应的产热及产物分析研究有待进一步开展；本书主要考虑了事故容错燃料的热工影响，事故容错燃料的燃料性能-中子物理-热工的耦合作用研究仍待进一步开展。